同理心 沟通、协作与创造力的奥秘

PRACTICAL EMPATHY FOR COLLABORATION AND CREATIVITY IN YOUR WORK

[美] 茵迪·扬（Indi Young） 著
陈鹄 潘玉琪 杨志昂 译

清华大学出版社
北京

内 容 简 介

本书主要侧重于认知同理心，将帮助读者掌握如何收集、比较和协同不同的思维模式并在此基础上成功做出更好的决策，改进现有的策略，实现高效沟通与协作，进而实现卓越的创新和持续的发展。

本书内容精彩，见解深刻，展示了如何培养和应用同理心。本书适合所有人阅读，尤其适合企业家、领导者、设计师和产品经理。

Practical Empathy: For Collaboration and Creativity in Your Work
By Indi Young

ISBN: 9781933820484

北京市版权局著作权合同登记号　图字号：01-2018-7249

图书在版编目(CIP)数据

同理心：沟通、协作与创造力的奥秘/(美)茵迪·扬(Indi Young)著；陈鹄，潘玉琪，杨志昂译. —北京：清华大学出版社，2019
书名原文：Practical Empathy: For Collaboration and Creativity in Your Work
ISBN 978-7-302-52957-6

Ⅰ. ①同…　Ⅱ. ①茵…　②陈…　③潘…　④杨…　Ⅲ. ①产品设计—研究　Ⅳ. ①TB472

中国版本图书馆 CIP 数据核字(2019)第 085779 号

责任编辑：文开琪
装帧设计：李　坤
责任印制：沈　露
出版发行：清华大学出版社
　　网　　址：http://www.tup.com.cn, http://www.wqbook.com
　　地　　址：北京清华大学学研大厦 A 座　　**邮　　编**：100084
　　社 总 机：010-62770175　　**邮　　购**：010-62786544
　　投稿与读者服务：010-62776969, c-service@tup.tsinghua.edu.cn
　　质量反馈：010-62772015, zhiliang@tup.tsinghua.edu.cn
印 装 者：北京亿浓世纪彩色印刷有限公司
经　　销：全国新华书店
开　　本：150mm×228mm　　**印　张**：12　　**字　数**：152 千字
版　　次：2019 年 7 月第 1 版　　**印　次**：2019 年 7 月第 1 次印刷
定　　价：69.00 元

产品编号：081501-01

推 荐 序

汤姆·格鲁伯（Tom Gruber）
Siri 的产品设计师和联合创始人

作为一名企业家和产品设计师，基于很现实的原因，我相当关注同理心[1]。最顶尖的产品经理、设计师、产品团队和领导者都是实践同理心的专家。他们能够理解和学习其他人的想法。这些人可能是顾客、产品或服务的用户或者利益相关的流程制定者。他们创造出来的产品能让几百万人都觉得“刚刚好”或者“符合直觉”，这绝不是巧合。

茵迪·扬（Indi Young）的这本书是练习同理心的实践手册。同理心是一项技能，而不是内在天赋。同理心是一种可以习得并通过练习来改进的思维模式。有一些最佳的练习方式、手段和工具可以帮助我们放下自我，关注于从其他人的视角来了解事情的实情。要真正做好并不容易，但是绝对值得！茵迪的书让我们了解到了如何能做到这点。

茵迪指导我们如何把同理心思维应用于参与产品的概念构建、设计或开发的人群中。我认为这特别有益于今天的高科技公司。它们内部充时间和资源极其有限，但期望又高，限制又多。公司目前的应对方式就是雇佣一些具备各种人才的全明星团队，跨职能和其他团队一起工作。但是，这些高科技人群，就像小猫一样需要经常安抚，像捷豹车内的气缸那样保养和呵护。自顶向下，军事化的命令和管理模式是无效的，必须依赖于相互协作、劝说、协商、建设性的妥协和分布式的决策。无论哪种沟通方式，我们都需要对他人持有同理心。

① 中文版编注：本书主要聚焦于认知同理心，不同于共情（或称“情感同理心”），主要是指基于共同的理解和认知。

很多组织转用统计分析和测量的方式来尝试做出基于证据的决策，使参与产品开发的所有人对客观结果有统一的认识。这是非常明智的，但不能孤立使用。定量数据驱动流程可以优化共同的成果，忽略未测量的部分。定性数据驱动流程则优化个人成果，并拥抱案例研究和用户观点的繁杂性。我们如何能够从这些软指标来源获取数据，为定性的东西（如用户界面）做出决策呢？茵迪的这本书，为收集基于同理心的观察和对话主观数据提供了一个有价值的技术和分析的工具。

常见问题解答

我们应该如何使用“同理心”这个词？

本书不是讲感受他人之感受的同理心，而是讲理解他人是如何思考的（头脑和内心想的是什么）。最重要的是，承认对方的思想和情感是合理的，即便他们和我们自己的理解不同。这份接纳有各种实用场景，尤其是在工作当中。本书探讨的是工作中的同理心，适用于创新和与人交流两个方面。第 2 章介绍不同种类的同理心之间细微的差异。

任何人都能习得同理心的应用吗？

对人产生好奇心是拥有同理心思维的关键。对他人的思考和经历感到适当的好奇是必要的。这样的好奇心开始的时候可能非常不起眼，但能够随着时间推移而慢慢成长。经常收到自己相关正反馈的人，可能一开始对其他人产生好奇心。另外，习惯于替他人解决问题的人（比如医生），可能要花较长时间才能放下自己的演绎推理思维模式，通过倾听来吸收更多信息和细节。这些标准将在第 2 章中讨论。

如何通过训练来提高同理心技能？

抓住每一个倾听他人的机会。练习放下内心的声音，认真倾听并发现找准时机多提问，力求真正理解对方。练习察觉自己的情绪反应，在影响倾听他人之前及时消除它。第 4 章要介绍一些可供尝试的练习。

如何从应聘候选人当中发现有同理心的人？

留意应聘者有没有对他人的好奇心且支持他人变得更好的意愿。这些都在第 2 章谈到。另外，如第 4 章所介绍的那样，看他是否能够倾听、是否能够克制内心的声音以及平息自己的情绪。

如何把通过同理心所获得的洞察传给同伴和决策者，甚至跨部门？

不断重复自己所听到的最清晰的故事。大声说出来之后，其他人的声音也会随之出现。在工作中，你的一个重要职责是“授粉”。把这些观念传给公司内有需要的人。第 6 章里有相应的建议。

同理心如何改进交互设计技能？

同理心并不能直接给出建议“如何让别人用你的方案”。同理心是深藏于我们大脑中的知识，等待着随时激发的创意灵感。当灵感出现时，我们通过同理心所获取的知识是支持、打磨或否定这个想法的基石。同理心能帮助团队决定整体方向和当前的运转，使之支持特定的人群。第 6 章展示了它的运作原理，第 8 章具体说明如何在组织内解决这个问题。

本书使用指南

谁应该阅读这本书？

针对开发人员、设计人员、写东西的人以及决策者，这本书讲的是如何在工作中建立和应用同理心。同理心可以应用于非常广泛的领域。它可以帮助改进制度、流程、产品、服务和写作内容。它可以帮助改善人际关系。所以，如果需要参与以上任何一件事情（还有谁不需要呢？），这本书就是为你准备的。另外，“在工作中”这样的表达囊括你参与的所有（无论是否获得报酬的）活动：志愿者工作、课堂项目、爱好、协会及联盟等。从书中习得的同理心，能够渗透到生活中的各种领域，远远不只限于传统上的付费职业。

这本书能帮助你更好地觉察自己。如果正好想改一改自己的思维模式，这本书也很有帮助。它能让你从心智和情感上更加成熟、稳重。如果没有这样的打算，书中的概念也能为你提供一个坚实的职业技能改善框架。

无论是什么类型的主管，只要负责管理一定数量的人员或者负责公司损益表上的某些条目，那么也会发现这本书非常适用。它有助于你更好地支持团队成员，让他们充分展现自己的能力，还能帮你从众多的选择中找到合适的路径为支持对象提供更真诚、更有效的支持。

本书包含哪些内容？

本书的内容分成 9 章 3 个主题。

- 同理心在工作中起什么作用？
- 培养和建立同理心。
- 应用同理心（在公司内部参与协作创新的事情上）。

同理心在工作中起什么作用？

第 1 章“失去平衡的组织”描绘整体的轮廓，阐明只关注数据指标和看似科学的保证使得我们对决策和沟通失去正确判断的原因。

第 2 章“同理心可以带来平衡”解释同理心为什么并不只是感同身受。我们必须先培养和建立同理心，然后才能应用自如。

第 3 章“在工作中运用同理心”展示同理心是如何融入开发周期的。我们完全可以在自己的头脑中培养和应用同理心，也可以在开发的产品中提醒自己或者团队从中获得更好的见解。

培养和建立同理心

第 4 章“一种新的倾听方式”介绍倾听练习的指导方针。好的聆听者，应该只关注于对方所说的话，力求促进信任和建立融洽的关系。

第 5 章“理解话外音”提出了回顾每个故事和总结每个概念的思路。它可以帮助我们更深入透彻地理解他人。做总结虽然不是必须的，但它很强大，可以帮助我们澄清理解，发现自己。

应用同理心

第 6 章“为我们创造的产品（服务）应用同理心”讲的是如何在倾听环节中寻找并运用模式来区分受众并激发想法。同理心能帮助我们鼓励他人面对持久多变的挑战。

第 7 章“在工作场景中应用同理心”鼓励我们在倾听环节应用同理心，力求更好地理解和支持同伴、直属下属和领导。觉察到自己的反应以及他人的反应，能帮助我们改善协作方式。

第 8 章“在组织中应用同理心”展示在组织中做出细微改变和从竞争中另辟出路的不同选择方案。从对技术和方法的关注中走出来，有助于我们思考组织是如何考虑问题的。

第 9 章“下一步行动？”强调运用小步慢走的方式在日常工作中运用同理心。

本书还附带了什么资料？

本书配套网站（https://rosenfeldmedia.com/books/）包含一个博客和其他附加内容。书中的图表和其他说明性图片都在知识共享许可的条款下下载和引用。也可以在 Flickr 站点（https://www.flickr.com/photos/rosenfeldmedia/sets/）中找到其他图片。

前　言

我之所以写这本书，是想给大家提供一种更容易把同理心这个观点带入工作中的方式。首先，我希望帮助大家做出更成熟、更能够在细微和个性之处反映出个性化思维方式的产品。我希望人们能发现并运用新的语言来描述他们创造的东西，而不是以技术的使用作为描述的基础。我希望在“创造”的定义上开阔大家的的思维，可以涵盖服务、流程、政策和写作内容等领域。是否能把观点带入我们的创造，完全取决于我们是否理解使用对象。理解对方实现某个意图的思考方式（比其用什么手段来实现）更重要。

我在书中引入了心智模型示意图（图 1），但发现有些人在构建图表和使用这些词汇中越陷越深。（我过去使用“任务”这个词，过于注重从行为和产品导向上刻画这样的思考和反应。）这个示意图的强大之处在于能够比较人们是如何思考以及我们是如何支持他们的。示意图两侧的内容固定，有时会超出人们的预期。虽然我听到的大多数故事都来自于成功运用此图并反复优化的人，但我更担心那些因此而离开的人。我想要告诉他们，其实是有捷径的，一份图表，几天的全心投入就能轻松画出。说是这么说，但不是每个人都能接受。我担心的那些人也因此而回到关注于创造和个人使用经验，而不是在更广的认知和情感层面。

因此，我决定进一步拆分示意图的上半部分并关注于可表达的部分。倾听是一种变革性的技能。它让我们能够做到培养和建立同理心，以及理解他人心智蓝图。倾听能带来新的观点。不要在乎是否要包含所有的细节。即便只是倾听，不记录任何细节，我们的大脑仍然可以保留 30%的新观点。留下来的这些足以让我们开展工作了。它足以抵消创造内容的局限。任何时候跟上一个人的思维框架并认真倾听，我们的大脑都会形成连锁反应，以至于几天之后都还能以稍微不同的视角来看待自己的工作。

在写这本书的时候，我也发现倾听对建立同理心有好处，这一点在工作场景中尤为明显。相当多的人每天都在和工作伙伴内耗，沟通不清晰，目标失衡，纠结，概念冲突，等等。

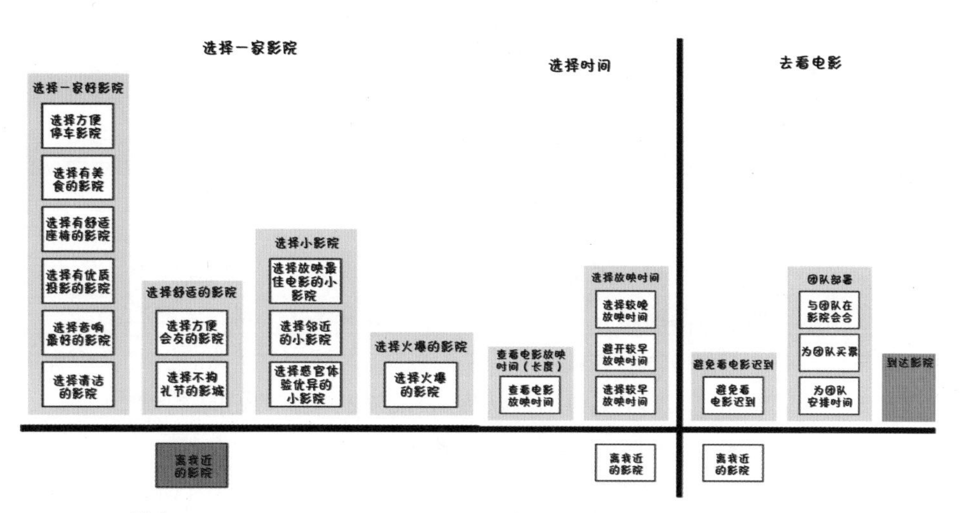

图 1

电影观众的心理模型，在水平线上描绘了思维、反应和指导原则并把相同概念的叠成一组。水平线下是电影制作公司提供的功能和服务与同伴合作，指导直接下属，了解领导的想法，所有这些都离不开倾听。所以，我决定涵盖一些倾听工作伙伴的情景，其中包括完全放下自己的议程。放下自己的议程也是把所学知识传给工作伙伴的关键。所有一切相互关联。

倾听和发展所有工作相关人员的同理心将为我们提供坚实的基础。它会影响我们做出的决定、使用的词汇以及态度。

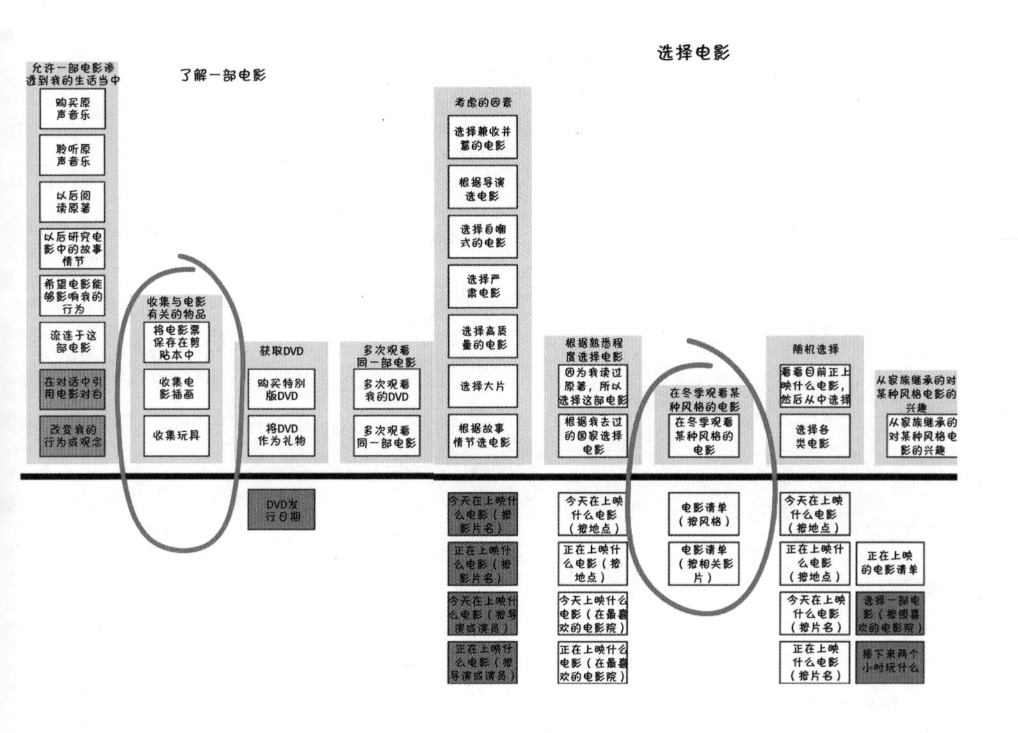

目　　录

将同理心融入现有的工作方式和流程中

第 1 章

失去平衡的组织

许多组织其实已经失去平衡，只不过还没有完全暴露出来而已——这样的情况比比皆是。创新很重要，强大的合作可以形成更好、更容易贯彻执行的解决方案。道理大家都知道，但遗憾的是，人们的关注点仍然只是“如何通过创造力和协作来解决产品研发和运营管理中存在的问题，从而获得更可靠的投资回报”。最后，无论发展多少代理商，聘请多少管理顾问，招募多少有远见的专家，产出的结果都不如人意。

产量更大，人心更齐，从某种程度上确实可能实现这样的结果，大家都明白这个道理。然而，大家都只能眼睁睁地看着每况愈下的当下，而且领导的决策也总是与员工的想法相左。大家的出发点都是好的——要让每个人都有收获，但结果呢，总是不尽人意。各种抱怨大同小异，大抵都可以归因于没有人真正在听别人在说什么。大家都像祥林嫂一样，只管说自己认为重要的，不管有没人在好好听，有没人真正理解自己。

对于如此糟糕的局面，组织中人人有责，不管是大老板，还是小职员。因为每个人可能都不太清楚自己的动机和指导原则，同时也不太了解其他人的真实想法。大家都在说，但并没有人真正在听。有一个事实是，知己知彼，合作不殆，大家可以共同拿出更好的解决方案。了解彼此的看法涉及同理心，而同理心又离不开倾听，它会对工作方式产生很大的影响，可以使失衡的组织重新恢复平衡。

数据和分析为王

大多数组织貌似都喜欢通过提高生产率和效益来改进服务。老板用指标来衡量他们对新想法的信心，以便“基于可靠的数据”来制定业务决策。分析可以证明会发生某些特定的事情，例如，婚恋交友网站 OkCupid[①]发现，用户宣称的年龄偏好与潜在约会对象的实际情况并不一致：“35 岁的异性恋男性……通常会搜年龄在 24 到 40 岁之间的女性……可是呢，

① 中文版编注：出自哈佛大学数学系，创建于 2004 年，通过出色的匹配算法来帮助用户促成约会。在匹配共同爱好的同时，还会对每个问题赋予权重以衡量该问题对双方的重要程度。

他们实际上很少联系 29 岁以上的人。”[①]公司总裁决定用服务器上保存的数据——“以进行直观的反思”。[②]靠推断来对这个现象做出结论，而不是亲自找人问实际行动指南。（会员数据是否可以被公司滥用？这个话题也会引发激烈的争论。）

组织声称自己是“数据驱动的”“基于实证的”甚至是“以项目为核心的”，以这种方式向潜在的投资者、合作伙伴、股东和客户展示组织是信得过的。可以用数据来量化的指标以各种方式描述着组织内部正在发生的事情。发生了什么、什么时候发生的、如何发生的以及谁从哪里参与，所有这些数据环环相扣。例如，亚马逊有大量关于谁购买什么和何时购买等信息的定量数据。他们也有资源挑选这些数据并找到想要的答案，了解“为什么？”和“这些人实际上在想什么？”当然，他们可以直接向这些人发起问题。但是，事实上并没有多少组织有资源或有意识去了解这些相关的故事背景。

“为什么”之后隐藏着怎样的故事呢？

“为什么”之后隐藏的故事是人们行为做事的动机或目的。例如，你开储蓄账户的目的并不只是想存钱去度个长假，而是因为很高兴终于能够实现自己的梦想了，比如 12 岁那年就开始“种草”的那个研究古老文化和进行考古挖掘的梦想。这个动机显然不同于其他人存钱来买车或买房。房子和车子是世俗中认为人们应当存钱购置的物品；度假的目的则是满足自己的热情和爱好，不是别人的。每个人存钱的动机不同。但如果银行知道你存钱的动机，就可以为你提供更好的服务，而不只是每个月从你的工资中扣除一定金额或只知道通过社交媒体给你推送消息，让你感受到梦想的压力。如果银行知道这个“为什么”之后隐藏的故事，可能允许外部服务根据特定条件触发行动，比如从你的工资账户转 15 美元到储蓄账户，例如当你在包含 “考古学”一词的随便哪篇文章下面点赞的时候。但是，银行现在只是固守着这样的执念：“储户总是为了实现某

---

① Rudder, Christian. *Dataclysm: When We Think No One's Looking*. New York: Crown, 2014.

② 辛格（Natasha Singer），2014 年 9 月 6 日发表于《纽约时报》，文章标题为 “OkCupid's Unblushing Analyst of Attraction”。

个目标而存钱。”

产品策略可能部分取决于技术，但与人的联系却是全方位的。再看一下前言那张图中关于人的内容，透彻理解人在整个全局中所发挥的作用，这是人们在提供服务或产品时必须考虑但又经常忽略的重点——这恰恰是创新的基础。[①]它定义着我们应该探索哪些领域。不幸的是，我们无法强迫自己的创造力总是理性的、可以量化的，因为有充分的证据表明创造是一种右脑活动。因此，组织需要读懂“为什么”之后隐藏的故事。只要银行知道你的行为动机，就可以用“你的故事”这些真实数据，为你提供有新意的支持服务——这完全可以推而广之！

对数据的用法不成熟

现在，我们对数据的用法还不成熟。一直以来，员工总是在想方设法用好组织内部已经收集到的各种数据，但很少有好的方法可以充分运用到这些有价值的几十年的经验数据。部分原因是，数字世界产生的数据量大得惊人以至于至今仍然无法运用自如，很多组织被迫回到原来的舒适区。他们不愿意往前走，只知道线性改进，然后跟风，其他组织怎么做，自己也照着做。他们不想探究隐藏在数字趋势之后的真正动因，只知道把数字指标做得夸张一些，好放到市场上吸引眼球。[②]

此外，当组织试图用数据来影响人的各个因素时，手法往往也很幼稚，例如优化与社交媒体的链接，但并不关注更深层次的东西。就像秀一把“我们在使用数据”反倒比“实打实地用数据”更有用一样。[③]

① 创造力的其他支撑要素包括物理环境、合作伙伴、想象力和大脑停顿时间，后者能部分解释为什么许多人在淋浴时能够想出好点子。

② 加州大学伯克利校区的研究人员进行了一项调查，研究在特定人行横道上等候行人的汽车种类。他们的报告说：“富人对其他人更缺乏同情心。”这个结论是根据汽车的初始成本和那天所有未停车辆的百分比之间的相关性得出的。相关性不等于因果关系。没有人去听司机讲故事。研究人员甚至不知道这些司机到底是不是车主，详情可以访问 http://psychology.berkeley.edu/news/how-rich-are-different-poor。

③ 我听到许多人表达了这种沮丧。这句话出自 SAP 的贝克（Jonathan Baker），简单概括了当时的情景。

只用一种颜色来绘画

在组织内部，员工可能认为根据“为什么”之后隐藏的故事来做决策不靠谱（相较于根据数据）。大多数专业人士都知道，人是无法简单量化的，但他们又很排斥引入定性方法。

我来解释一下为什么说这种做法是错误的。一般假设认为，定性和定量数据是同一频谱的两个极端（图 1.1），这很糟糕。人们往往把定性视为弱、含糊不清。但定量和定性实际上并不是两个极端。它们是两种不同的光谱，量化的是两种不同的东西。[①]定量表征的是数字，它的光谱一端是估计值，一直延续到另一端的详细计算。定性表征的是数据中的模式，通常以文字而不是数字的形式来表现，它的光谱一端是猜测，一直延续到另一端的详细描述。

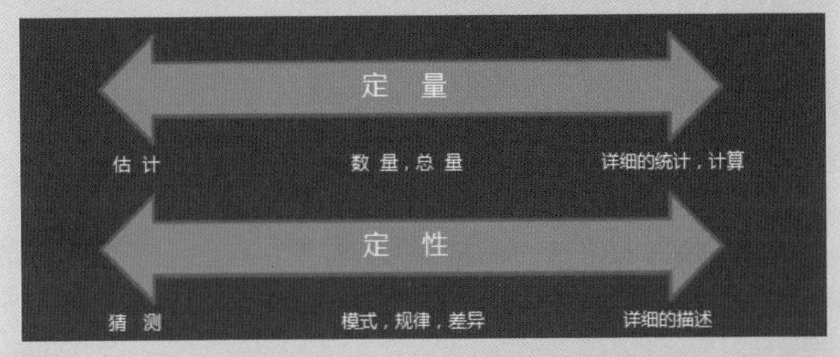

图 1.1

识别出组织中把定量数据视为硬指标的人和把定性数据视为软指标的人。其实，两者都有硬软两个指标

我们人用语言来描述逻辑推理。这个不能用数字来量化。但可以解析为一致性和相关性。定性数据和定量数据是一个故事的两个不同部分。除了它们，还有别的，比如情绪或特定人群，比如年龄。只用一种光谱就好比只用一种颜色来绘画一样，不全面。

---

① 伊利诺斯理工学院设计学院院长惠特尼（Patrick Whitney）在 2012 年北京用户友好大会上的主题演讲。他还引用了爱因斯坦的话（人们认为他说过）：“无法量化的，并不意味着不重要。”

滥用科学术语

这种迷信数字权威的另一方面是人们用（和滥用）听起来很科学的词汇来说服其他人。人们甚至都意识不到自己说这些话是想说服别人。在市场营销、新闻、健康、体育以及高管和领导人的讲话中，这类术语已经用了几十年。在组织内部，人们张口就来："研究表明，……""我们的测试验证了……"但只在极少数情况下，这么说才真正表明接下来的内容是遵循科学过程得到的。实际上，没有假设，没有相关的实验否定或支持这个前提，没有可替代的量化和比较，没有查过其他人是否做过类似的研究。组织外部人员则绝对没有想过重现结果以确保结论的正确性。所以，这并不是真正的科学，但术语却被广泛使用。人们还是会对它有反应。

例如，组织的决策者拿不准某个创意能有多大的潜力，所以可能会要求你提供"证据"——用数据来支持他做出相应的决策。你可能会做一个快速调查，而且自我感觉这样做很科学。然而，研究结果只是让人们放心地向着某个方向前进而已。当然，结果往往也是你想要的，因为要写出一份能代表自己观点的调查报告还是很容易的。此外，你把人们的答案转换成数字，但忽略了文字。经过转换的数字很容易忽悠人，让他们更自信。

一旦意识到这一点，你就会发现科学术语简直无处不在。例如，如图 1.2 所示，健身房用"运动健康科学"（sports health science）这样的标语来吸引顾客。这个词似乎直接来源于某个大学的学位名称。的确，这个行业对职业运动员和"椅族"（久坐不动的人）进行过科学研究，但你不能把走进健身房等同于"走进科学"，你走入那扇门只是想找个能激励自己锻炼的专业人士而已。

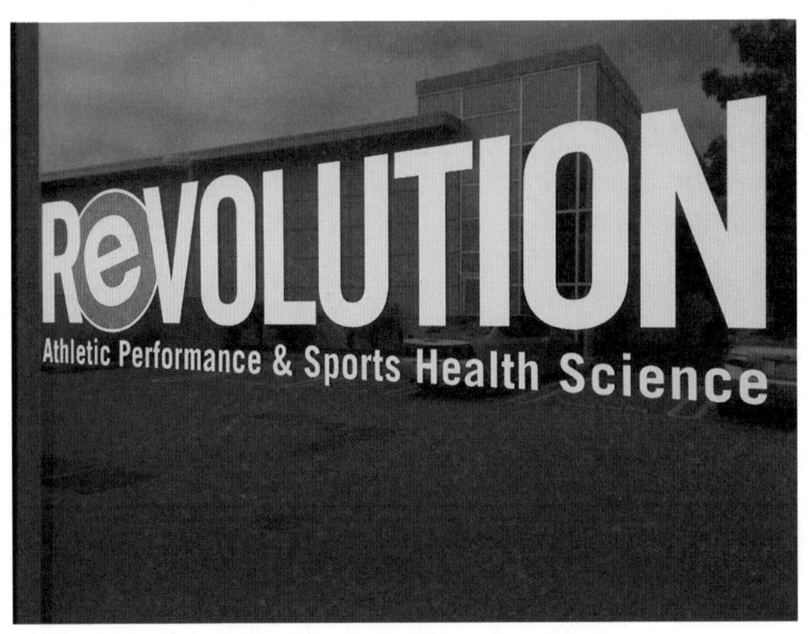

图 1.2
健身房就是健身房——但这家更好，因为它写着“运动健康科学！”

合作有限

合作受制于认知上存在的差异。大公司内部各个部门常常以不同的方式量化和描述同样的数据组件，造成解释不一致和混乱的场面。不只是刻画不全面，画出来的部分用的词汇和图表居然还不同。市场营销团队希望每个人都能根据自己定义的客户市场细分来做决定，但软件开发人员想要找出可以支持他们完成搜索分析的功能。每个人都忙着向对方解释自己的观点为什么好——用他们的定义、词汇和方法。还有一种情况可能更糟糕，人们会忽视别人的观点或质疑别人的智商。合作起来并不像期望的那样顺利。

固步自封

组织似乎已经忘记了要超越自我。现在的组织往往只专注于（直接关系到需要交付的产品）策略、创造力和协作，并不在乎人们的意图或动机。

决策者想的是理解员工、利益相关者和客户的“需要”和“需求”。他们专注于如何从曾经的失败和竞争中吸取教训与经验，如何跟上外部需求或预测未来的趋势。他们希望出现颠覆性的创新。[①]所有这些努力都直接关系到协作、组织和提出解决方案所取得的效果。这是工业本质所决定的，根深蒂固。[②]

但决策者对交付的前因后果却知之甚少。别人脑袋里究竟在想什么？他的动机和更大的目的是什么？他们在理解人上面几乎没有付出过任何努力。刚刚实施的某种产品（或市场）策略似乎已经铸成定局。组织方面运用工作进展的量化来“补给”创造过程。只有那些积极自救（试图从没有提供预期回报的决策实施中转向）的小团队才会花时间把目光投向新的领域。

缺乏倾听

运转中的零件如果不对准，随时会引起摩擦；组织的情况也不例外，如果不对齐，随时可能分崩离析。摩擦会使员工和客户遭受损失。每个人都想证明自己的价值，试图用伟大的想法给人留下深刻的印象，或者只是用老方法来解决新的问题。大多数时候，专业人士都在忙于贡献自己的想法，怎么做（改变）是别人的事，他们意识不到自己也需要理解和倾听别人的想法。没有人在听，因为大家都认为别人需要理解自己所说的话。因此，要想淡化数字迷恋和破除老的观念，首先必须理解别人的想法。

---

① 维基百科（Wikipedia）的“颠覆性创新”词条将其定义为一种新创意，会导致整个现有市场的客户迅速流失，比如，飞机取代火车和远洋客轮就是一种颠覆性创新，详情可访问 http://en.wikipedia.org/wiki/Disruptive_innovation。

② “我们还在设计我们的服务，就像我们设计生产过程的方式一样”，格雷（Dave Gray）介绍《互联网企业》（agiledesignprinciples.com）时说，“在更快、更好地制造更多东西上，科技一直在模仿工业时代。”引自惠特尼（Patrick Whitney）在北京 2012 年用户友好会议的主题演讲。

图 1.3

每个人都真心诚意地想要做贡献。没有人在听，因为大家都在忙着发声

他（她）为什么会选这个？

大多数组织都没有注意到同理心（理解别人）的必要性——决策依据多样化，也是独特的。例如，人们参与地方市政的原因取决于出现的问题、地点和人。原因可能超过 50 种，不管谁来组织，都会因为如此庞大的数量而无法一一兼顾。因此，组织者一般先简单分出两个意见小组，然后再进行分组讨论。

- 考虑到当地孩子和餐厅的利益，要在公园开设专门的棒球场。
- 维持公园的非盈利性，保证社区免受持续的人流、垃圾、停车或噪音的干扰。

然而事实证明，如果要一一穷尽这 50 个原因，纷繁复杂的关系完全超乎想象。还好，更深层的决策指导原则往往可以集中到极少数几个意图上。

- 我打算为孩子或别的群体提供服务，因为他们的需要更多。
- 我想让社区成为一个更安全/更安静/更干净的地方。

- 我打算在本地做表率，献身于更大的事业。
- 我想让自己的资产升值。
- 我希望增加当地小企业的利润，使其茁壮成长。

可以看到，在每一组意见群体中，人们都希望使自己的资产升值。对如何实现这些目标进行辩论，可能（比围绕这两种观点进行极端讨论而引发媒体关注）更能吸引公民的广泛参与。

这种做法难在需要大家都摒除陋习——一直以来，每个人都只强调观点，用观点来表达内在逻辑推理。这种习惯可能来源于一种“快快快”的模式——工业文化总是追求每天完成更多的工作。[①]在这种愿望的驱使下，互动虽然加快了，但仍然停留在表面，因为大家的沟通前提是对别人的表达都有假设。这种速度还受到共同文化参照体系或刻板印象的影响，即使是开玩笑，也可能代表哲学的立场。“这个项目没戏，因为我们的时间太有限了”，类似的话实际意味着你面临着上司的威胁，认为自己无力改变现状，或者你分心了，对另一个话题更感兴趣，因而在自己负责的任务上没有取得任何实质性的进展。没有多少人愿意花时间了解这种说法的真正含义，所以交流仍然停留在表面。

有些文化执念于偏好和观点而妨碍了深层次的逻辑推理。另一些文化倾向于私底下表达个人观点，认为在公共场合把自己的观点强加于人是不礼貌的。一旦突破偏好和观点的限制，你会更理解别人的想法。比假设和观点更深入的，就是所谓的同理心。

对企业来说，更深层次的实质性理解是什么样子的呢？让我们看看支持外部客户的服务型组织的例子，比如航空公司和乘客。对乘客预订航班的情况进行研究，可以揭示出人们寻求最便宜又最不痛苦的航线的机制。图 1.4 中的航班看起来都不太舒服。

---

① 圣吉（Phoebe Sengers）的文章“我在‘改变’岛上学到了什么”，发表于《交互》杂志 2011 年 3、4 月合刊，详情参见 interactions.org/archive/view/march-April-2011/What-I-learne-on-change-islands1。

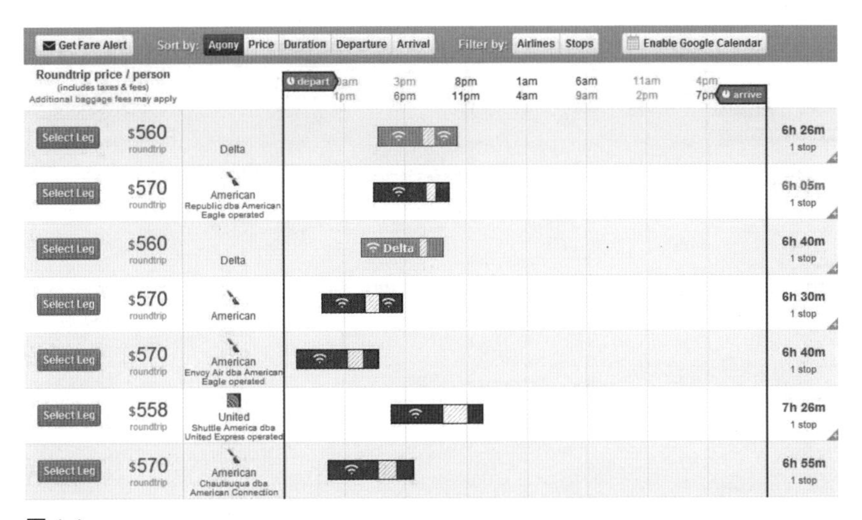

图 1.4

在 Hipmunk 网站检索从旧金山到路易斯维尔的航班，发现没有直飞航班，“好痛苦”

深入研究并理解人们预订航班的动机，可以揭示出一些重要的推理过程。在经过若干个倾听乘客意见的调查问答之后，航空公司把乘客的动机和方法分为四组，有两组希望旅程时间越短越好，另外两组则希望延长飞行时间。有些人认为出行是任务，另一些人则愿意千方百计在空中多飞一会儿。有些人希望挤出时间而选择白天的航班，以便尽快回到家里或睡在自家床上。另一些人则喜欢在商务旅行中增加周末时间去打卡新的地方或看望家人。尽管这种行为也因人而异，但在大多数旅行中很常见。

为了找到可以充分满足个人意图的航班，任何一组乘客都必须花时间浏览航班、日期和时间的不同组合。在图 1.5 中，乘客必须在 Kayak 上浏览 369 个选项，才能找到符合自己要求的神奇而完美的航班。此外，由于到达目的地需要转机，所以乘客还必须考虑每个中转机场的情况。例如，前五架航班必须在因雷雨或雪天延误而闻名的机场中转。在图 1.6 中，航空公司正在鼓励乘客查看其他日期，以免错过更优选择。

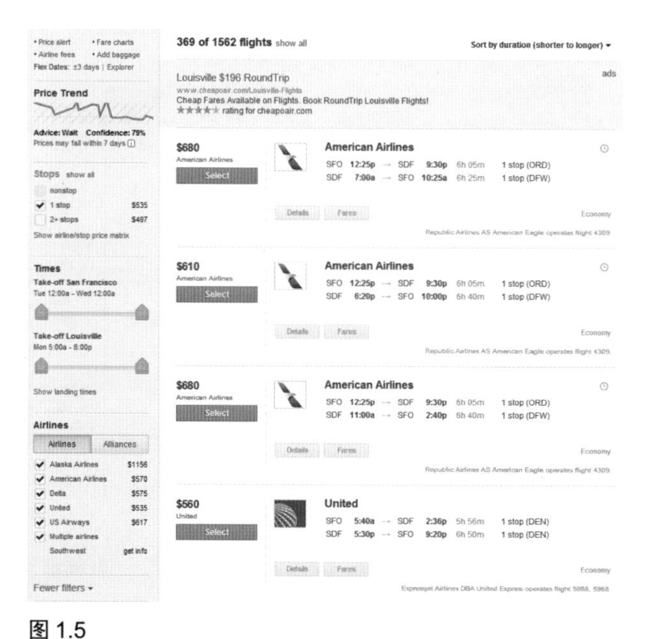

图 1.5

即便按照持续时间排序，Kayak 上还有 369 个选项，“遭受暴击中”

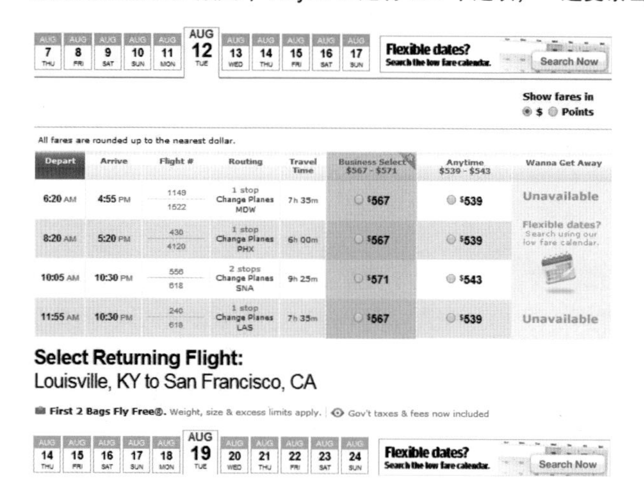

图 1.6

西南航空的航班比较少，这不奇怪，但它们会强烈要求再检查一下日期，以保证真的没有更优选择

然后，航空公司就开始“鼓捣”定量数据了：在这两组行为类型中，哪一种花钱更多？是否有理由先放一放其中一组量身定制的解决方案而优先考虑另外一组？青睐快速旅行的人冬季的花费要少一些，或者他们可

能倾向于不需要转机的短途旅行，这意味着总的花费更少。

在本例中，实际上并不存在这样的相关性。航空公司并没有优先考虑某一组而创建不同的方法为每组乘客提供更好的服务。

为了更好地支持越快越好的那组乘客，你可以让他输入他必须参加的活动或到达目的地的日期和时间，无论是在家里还是出门在外，然后提供三四个选择，而不是几百个。根据乘客的情况和习惯，只筛选出少数几个选项，旅行社做得最多的就是这样的事情。此外，除了自己的服务，还可以显示更符合条件的选项。目前，所有航空公司或预订服务都不会向乘客展示需要与非合作航班联运的选项。但是，即使可能因为延误而错过接续航班（代价是中途候机时间是 6 个小时），仍然有很多人愿意冒这个险。

如果可以突破航班预订工具固有的限制，航空公司就能找到机会为乘客提供更贴心的服务。想象一下，是否可以根据乘客的旅行哲学、历史旅行记录和日程安排为他们提供定制选项列表（包括铁路和当地地面交通的合作伙伴，即旅程的延伸）。同样，其他组织，比如银行，也可以用这些信息将优惠措施提供给积攒里程的人，免费帮他们增加里程数。如果优惠只发给“快”的那组乘客，就会传递出类似的信息“银行其实并不理解或不关心这组乘客的动机和心理模式”。这些额外的信息代表不同的人做出不同抉择的原因，会深刻影响到可以从哪些方面改进服务。

同理心可以帮助组织重新取得平衡

信不信由你，其实捅破那层窗户纸并不难。一旦挖掘到左右着人们行为的更深层次的准则和思维逻辑，就能找出可靠、可重复的模式。这些模式可以帮助你厘清以前没人想过要支持的想法，审视以前只依赖于量化指标的决策，从而在此基础上改善服务体验。为达成深度理解而进行的交流可以促进人与人之间的协作，加强工作团队内部或跨部门的合作。同理心可以帮助组织在后工业、后数字的前沿创造性时代重新取得平衡，形成更清晰的目标。对于个人，同理心也可以帮助你更懂得养成倾听的习惯，更能理解他人。

花些时间，对他人保持好奇心，
是同理心思维的关键

第 2 章

同理心可以带来平衡

破除思维定势与成见，深入理解他人，这样做有很多好处。由量化指标牵着鼻子走的组织，可以运用同理心重新取得平衡。坦白说出自己不知道，喜欢探索决策所隐含的简单而基本的哲学，可以帮助我们提升创造力，增强协作能力。

同理心可能和你想的不一样

对于同理心，大多数人往往最容易想到同理心就是对他人表达温情和善意，或者至少是宽容。他们认为同理心指的是“站在别人的立场上”接受或原谅他的行为。然而，这并不是同理心的含义。至少不完全是。

同理心是个名词，是你对他人所产生的理解。施以同理心是对理解的运用，是一种行为。如果愿意花时间去发现促使另一个人做出相应决策的深层思想和反应，就能建立起同理心。这是有意理解他人认知与情感状态的行为。同理心有助于你尝试以对方的视角来看问题，从她所处的某个特定场景中进行思考并做出反应。在图 2.1 中，可以看出培养同理心和应用同理心之间的区别。

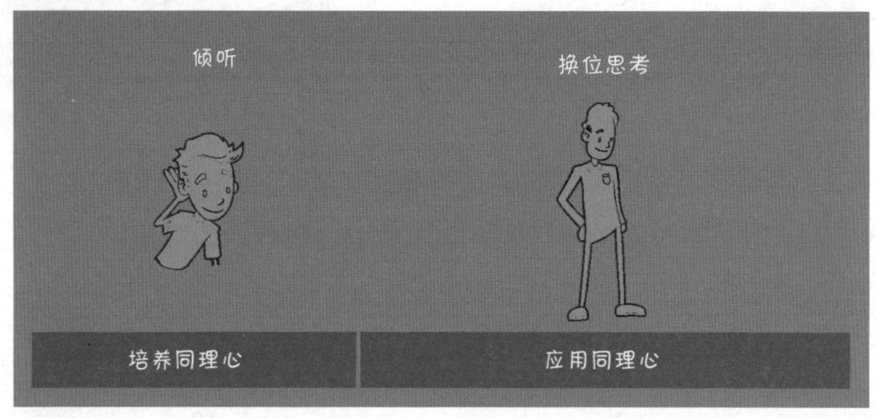

图 2.1

只有深入倾听，才能产生同理心

大多数人会将同理心的应用与同理心本身相混淆。人们会试着表现出同理心——以别人的眼光看待问题，或是说换位思考——而不是先花时间去培养同理心。一旦涉及工作，这样的跳跃会带来问题的。你最终会基于自己对他人的动机假设来做决策，并不是基于知识。现实中有这么一些例子造成了市场份额减少和股价下跌，值得我们关注。

- 黑莓手机：RIM（Research in Motion）公司的研究只针对企业用户，并假定用户可能不喜欢用手机看视频或打游戏。他们坚持在设备上安装物理键盘，因为他们觉得这是企业级“电子邮件战士”的刚需，[①]如图 2.2 所示。直到最近，他们才意识到企业用户也喜欢大屏幕的触控设备，带物理键盘的黑莓手机，屏幕真是小得可怜。这个例子说明的是基于假设来应用同理心，他们并没有花时间与用户建立同理心。

图 2.2
最新款的黑莓手机 Bold 仍然有物理键盘
图片来源：SCOTT BALDWIN，@BENRY

- Windows 8：微软假设所有的客户都希望在手机、平板电脑、笔记本电脑和台式机上拥有相同而“熟悉的”交互体验，而体验的重点将放在触摸而不是鼠标上。然而，在笔记本电脑和桌面电脑上，更大的触控目标会在可点击项目之间产生更大幅度的鼠标移动（图 2.3）。此外，这种体验设计还强调了照片、视频、社交媒体、天气和预约等应用程序，几乎占据了整个屏幕。真正想要完成工作的企业用户不得不先突破这种外壳，才能进入有电子表格、文档、绘图和协作

---

① 古斯汀（Sam Gustin）2013 年 9 月 24 日发表于《时代杂志》的文章“黑莓的致命错误”。

工具的桌面。同样，这又是一个基于假设的同理心应用例子：认为客户重视跨设备的无缝体验，还认为触摸将成为工作场景中的流行输入法。

图 2.3
触摸屏笔记本电脑上的 Windows 8 意味着用户得在磁贴和桌面之间、在直接触摸和移动鼠标之间来回切换

- Netflix：2011 年，这家电影租赁公司的首席执行官单方面决定要专注于发展流媒体业务，而把实体 DVD 配送业务划分出去成为独立的公司。他认为 DVD 已经过时（一种假设，参见图 2.4），显然，他觉得随着时间的推移，那家“弃儿”公司会逐渐淡出并消失。他措辞拙劣的声明在流媒体和 DVD 服务的用户中引起了轰动——流媒体提供的可选电影比 DVD 的少，并且客户为每项服务支付的单笔费用更高。不仅如此，每种服务都需要有独立的账户和电影队列。公司为此失去了 80 万用户，股价跌了四分之三[①]。这个例子不仅表明

① 山多瓦尔（Greg Sandoval），2012 年 7 月 11 日发表于 C | net，标题为“Netflix 失落的一年：涨价背后的故事。”

Netflix 对那些网速不快不稳定的客户缺乏同理心，实际上还表明他们根本没有站在客户的立场上想问题。这个决定完全着眼于企业的未来，而非客户。

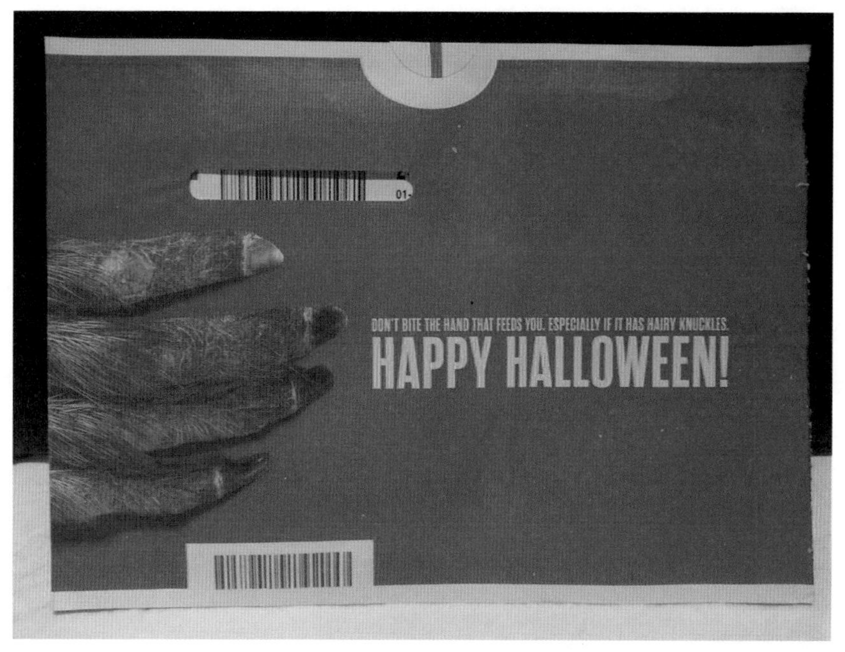

图 2.4
标有每季信息的红色 NETFLIX DVD 封套

此外还有好几百个这样的例子，虽然不是太严重，但还是使一些企业既失去了市场机会，还浪费了预算。

如果对目标人群缺乏深入了解就贸然采取行动，会导致各种内部或外部的损失。这种断档的原因是将同理心和施以同理心混为一谈，因为在工作中，人们总是以精益、快速、敏捷和最小可行的方式来表达自己的想法，并且对别人的猜测和假设“蜜汁自信”。

同理心的建立很容易，一旦有机会收集信息，就可以准备好切换到倾听模式。只要对方有时间，就可以准备好，认真听。要保持中立，尝试发现话外音，并暂停自己的思考和情绪表达（图 2.5）。这种中立的心态可以渗透到工作中，影响到创造力和交互的方方面面。你将对周围的人有更深刻的理解，进而有真实可信的感同身受；将能够阐明你选择做某事的原因，进而更符合深层的逻辑推理；将能够发现别人的主动行为，并专注于为他们提供支持。有了这种中立心态，就能够培养同理心和运用同理心。这是一种善解人意的思维模式。你也许只是偶然进入这种状态，然后又偶然离开——并不是稍微奋斗一下就能一劳永逸的。

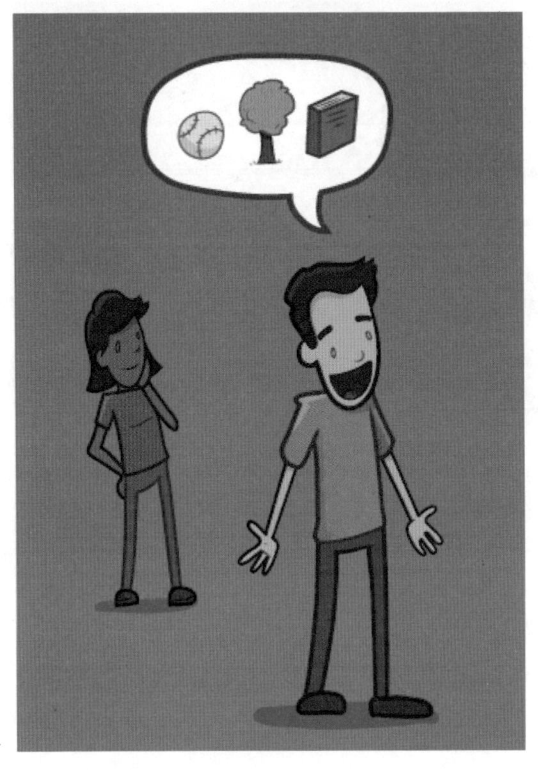

图 2.5
只要愿意花时间去发现别人做出某种选择的深层思想和反应，就能建立起同理心

拥有同理心并不意味着你得让别人感到温暖。“理解”和“包容”并不意味着“采纳”或“同意”。有时，别人的想法可能使你感到不舒服，但不要让它影响到自己的态度，要置身事外，保持中立。你会意识到这一点，并且能够体察对方的思维方式，然后进行相应的调整。

培养同理心的方法很简单，但需要一定的倾听技巧才能突破解释、偏好和成见的限制，了解到真实的目的和原因。这些技巧可以帮助你抛开先入为主的想法，以一种全新的方式去倾听。技巧需要练习，但不难。培养同理心的唯一障碍是需要假以时日，虽然时间不多，但的确需要。你得腾出并保留必要的时间。可能还需要帮助组织中的其他人，使他们充分认识到投入这些时间是值得的。

因此，同理心虽然无关乎热情和善良，但的确离不开倾听，需要有强烈的好奇心，想要了解别人的思维过程。

同理心的“马甲”

根据心理学的定义，本书所说的同理心特指“认知同理心”，是同理心的诸多变体之一[①]。每一类变体都与培养同理心相关——即大脑中哪个部分与别人建立了联系。

- 镜像同理心：一些神经科学家认为，当测试对象看到源对象的脸、嘴和手的动作时，他（她）的大脑就会像源对象的大脑一样兴奋，因此会产生情绪传递。语言模式也经常被反映出来，这是一种有用的建立融洽关系的方式。镜像神经元也可能是学习的途径，是其他众多心智能力的基础，尽管对此还存在一些争议。[②]

- 情感同理心：在这种同理心下，他人的情感跨越彼此之间的鸿沟，引起你产生类似的感觉和记忆，就像一道刹那间划过的闪电。这种情感共鸣在心理学著作中称为“情感共鸣”。表情达意即代表情感，所以也可以称之为“情感同理心”。情感同理心并不局限于面对面的接触，可以发生在和电影中的演员之间，或者与书中的角色之间，如图 2.6 所示。

- 同理关怀：如果感觉到情感上的同理心，可能会产生一系列与对方所处情境有关的反应。这些感受可能导致你对这个人采取一些行动。

- 个人痛苦：如果意识到别人身上发生了令人痛苦的事情，你可能会

---

① 巴特逊（Daniel Batson）查阅了一些心理学刊物，发现“同理心”这个词至少有八种不同的用法。看看他的著作《共情社会神经科学》中的这一段：“这些叫同理心”，编辑迪西蒂（Jean Decety）和艾克斯（William Ickes），麻省理工学院出版社出版发行。巴特逊是堪萨斯大学的名誉教授。

② 拉玛查德兰（Ramachandran）2011 年出版的《告诉我们的大脑：神经学家对人之所以为人的探索》。

体验到同样痛苦的那一瞬间，也可能会试图忽略或对此人的困境视而不见。想象一下你看到朋友在切菜时切到手了，或者看到陌生人在杂货店里大声咒骂另一个人的情形。

图 2.6
书籍、电影和游戏都依赖于镜像和情感上的同理心，让你与角色产生共鸣

- 认知同理心：本书讨论的正是这种同理心，指的是有意识地去发现引导他人做出决策和行为的潜在思想和情绪。

- 自我同理心：指有意识地对自我进行观照，看清自己究竟是如何推理和做出反应的。它是许多精神实践和冥想的主题，也是患者和心理治疗师之间的主要探索内容。

同理心和同情心往往也被人们混为一谈。同情心也有不同的定义，但最常见的特征是对某人言行友善，一般发生在对方感到很悲伤的时候。

实践同理心

拥有专业知识的你总能找到自己喜欢的某种工作方法，现在的方法就是实践——发挥你的专业。此处对“实践”一词的描述是想说明同理心是每个人都要具备的一项专业技能。同理心思维模式可以看作是一种结构化的纪律，使其可以成为一种工具，能够帮助任何想要推动事业前进的人提升战略思维、加快创造进程和增强协作能力。

哪些人可能需要习得同理心呢？对大多数人来说，同理心都是在童年时期自然形成的。[①]有些孩子的同理心来得比其他人更自然，就像图 2.7 中的小女孩那样。在这张照片拍摄 10 年后，她仍然表现出培养同理心和运用同理心的直觉能力。几乎每个孩子最终都明白，别人的想法和感觉与自己的不同。因此，对于成年人，“习得同理心”这种说法可能并不正确。更好的说法可能是“采取一种善解人意的心态”。哪些人可能更擅长呢？

对别人有好奇心是建立同理心思维模式的关键。即使是内向的人，仍然可能对别人很好奇。轻度自恋的成年人可能难以进入同理心思维模式。我们这个社会有时很喜欢嘲讽某些领域的人，认为他们很自大，因为他们的工作是有门槛的（例如医生、律师、游戏设计师、广告人、企业家和金融家）。然而，纵然这种关联有一定的道理，但也并不意味着这些从业人员都很自恋、自大。身处某个领域并不意味着必定自恋或者有自恋倾向。另一类人可能很难进入同理心思维模式，因为他们的语言表达有困难或者他们无法用文字进行思考。[②]人与人之间的交流来自于语言，所以语言技能是培养同理心思维模式的关键。事实上，大多数人只要想了解别人的经历，就能够培养出同理心。

---

① “6 岁以下的孩子处于‘术前’阶段，这是自我中心主义的一个关键特征。他们要到 7 岁左右才能够完全理解别人。”格尔曼（Debra Gelman）2014 年出版的《为孩子设计：数字化娱乐和学习产品》。

② 请参阅格兰汀（Temple Grandin）的文章和布里斯（Charles Bliss）的作品。

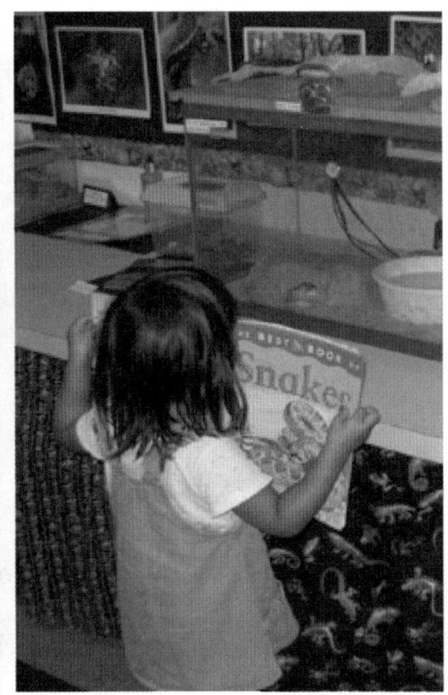

图 2.7

晚上，3 岁的妮克儿（Nicole）在“把它放在床上”之前，给这条橙色的玉米蛇念了一个故事（可以看到它就藏在玻璃盒子里的假石下面）。她相信这条蛇也想要睡前故事这样的安慰。这个例子表明要想培养对他人（或者说爬行动物）的好奇心，需要从娃娃抓起

不管是否有同理心的直觉天赋，都离不开必要的练习。这是“实践”这个词的第二个特征。要想技不离身并精益求精，就需要不断练习，就像足球运动员、攀岩者或钢琴家一样，几乎每天都得实践。同理心是无法列出步骤清单的，无法提供按需取用的参考；也没有固有程序来记录和遵循。它的要义在于理解另一个人，是那种没有任何附加条件的、心灵对心灵式的状态（图 2.8）；还在于做决定之前优先考虑他人。练习可以使人自信，这是培养出强大的同理心思维模式的前提。

图 2.8
同理心的要义在于理解他人，将心比心，不带有任何附加条款

“秀”的是理解，而非能力

我们要讲一个古代中国皇帝的故事。皇宫中人才济济，人人都认为自己关于塑造国家未来的理念与众不同。大家都急着吸引皇帝的注意，争相抛出一个比一个宏伟的观点，同时打算顺便把生意和项目介绍给朝廷外的朋友。皇帝考虑了每一位朝臣的建议，对他们说的都很感兴趣，因为都很对他的胃口，看上去清晰，没有什么风险。但可惜的是实施效果往往不那么尽如人意，还有些上书的大臣在理想实现之前就遭到了弹劾。

有一位大臣没有向皇帝提出任何意见。于是乎，有人指责他缺乏创造力，并警告说他很快就会丢掉官职。可他反倒只是坐着，倾听皇帝谈论他的治国理政设想：如何强国，如何富民。一天下午，皇帝正在和群臣讨论一项工程，打算建造一座天下第一高的通天塔。大臣们在争论该如何打地基以及如何一层层地往上盖。这时，那位之前一直很安静的大臣突然发声，把朝廷上所有人都吓了一跳。他大声说：

“建这楼的目的是让皇上更接近天庭吗？”每个人都表示同意，说这象征着皇帝的无上荣耀和智慧。

“是为了向天下人彰显皇上的智慧？”

皇帝定睛望着他，点了点头。

这位大臣继续说：“正是皇上的智慧，才让百姓有良田可以耕种，得以安居乐业，生儿育女。因此，微臣恳请皇上兴修水利，开挖大运河，建造大水库，浇灌更多的良田，促进更多的贸易往来。”

图 2.9

专注于支持一个人实现一个目标，而不是发布一份令人印象深刻的声明

朝廷上鸦雀无声，大家都被如此世俗的想法惊呆了。但当皇帝想明白这个想法之于老百姓的福祉时，脸上渐渐露出笑容。他指着那位大臣说：“你所说的就是我们要建造的。”

在各类组织中，很多人都在想：“我只想要个坐着说话的地方，好让上司明白他们都该怎么做。”拥有同理心思维模式后，你会放弃改变他人或显示自己才能的想法。相反，你会倾听别人内心深处的推理和行为哲学；与他人共同探索这些更深层次的心流，一起找到更好的解决方案。因为你对目标有了明确的理解，所以结果很有可能好得出奇。

在你而言，同理心由此滋生蓬发。

同理心可以帮助跳出定势思维，
看清楚迷雾掩盖下的种种细节

第 3 章

在工作中运用同理心

在工作中应用同理心的时候，必须遵循一些章法。需要通过一定的方式来厘清培养同理心和应用同理心之间的差别，搞清楚如何把它融入现有的开发和协作过程；必须知道如何走出去和人打交道，如何开诚布公地互动。这些内容都将在本章介绍。

之后的章节中，还会提供一些技巧和指导方针以及一些词汇，帮助你在工作中自如应用同理心。这些内容还将有助于你衡量自己在应用同理心方面所取得的进展。我的主要目的是让大家超越顿悟似的情感同理心，转向认知同理心，为个人实践与组织实践快速充电，使组织更顺利、更可靠地运行。

开发周期

在创造一些东西时，随着创意不断得以打磨和完善，所有项目都要经历整个发展周期的各个阶段。关于这些阶段，有一种比较通用的表达是“思考-实施-检查”周期。

在思考阶段，通过头脑风暴所得到的想法可以形成解决方案，也可以影响现有解决方案。在实施阶段，实现想法的所有细节都将逐渐显露出来，即使所取得的进展只是某个想法的示例或草图。[①]然后在检查阶段，这个想法将接受潜在的终端客户（通常称为“用户研究”）以及创作者和干系人的“找茬儿”。

通常，组织会专注于开发周期，意味着要把大部分精力花在现有的想法上。“思考-实施-检查”周期的各个阶段都围绕着创意或解决方案，并没有以人为核心。如果想矫正对解决方案的过度关注，可以引入一个专注于人及其动机的同理心周期。换句话说，除了为解决方案留出研究空间外，再给问题研究留出一些空间。这种以人为本的周期（比开发周期）虽然更慢，但不到几个月，就能接触到更多相关人士，逐渐理解他们，

① 敏捷和精益流程试图围绕着开发过程建立一个边界，以便在目标服务人群中测试产品或服务之前，只开发出一部分不至于太庞大的功能。敏捷和精益都基于以人为焦点的原则。敏捷宣言关注的是“个人和交互……（以及）……客户合作”。“精益原则”从终端客户的角度来优化价值。参见 agilemanifesto.org 和 www.lean.org。

自己的知识库也越来越丰富。对其他人更深层次的逻辑推理和动机的广泛理解，有助于进一步培养同理心，使其自然涌现于头脑风暴阶段——或者说创新迭代周期中的思考阶段（图 3.1）。

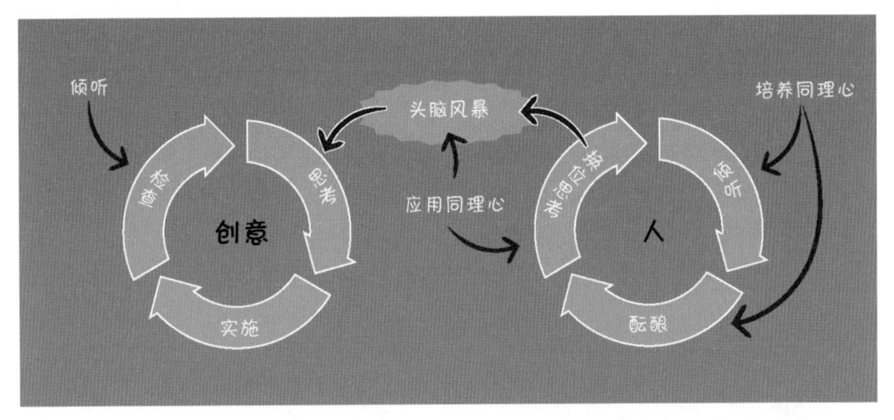

图 3.1

在创造阶段，每个项目都围绕着要落实的想法进行迭代。增加一个并行的人本周期可以使头脑风暴更有深度

同理心培养和运用过程中的各个阶段

开始在工作中采用同理心思维时，先设想一下要经历的一系列阶段，或许会有帮助。这些阶段可分为两部分：培养同理心和运用同理心。先花时间培养同理心，然后再运用同理心，后者依赖于前者。

培养同理心当然是从倾听开始。听完之后可以选择深入思考，或重新阅读，或总结听到的内容。如果愿意，还可以回味，使自己对接收到的信息有更深入、更丰富的理解。

商业研究的类型

在用户研究中，组织会检视某个解决方案是否对潜在用户有用，这是组织为指导决策所做的众多研究类型之一。在市场研究阶段，组织要千方百计了解消费者的偏好和消费趋势，以便设计出更合适的产品，或者通过它来评估新想法的市场可行性。还有竞争性研究阶段是否能够了解竞争对手，无论是现在还是将来，都是赢得客户的关键。

不管组织执行的是哪一类研究项目，基本都可以归入两类：评估性研究和生成性研究。评估性研究试图判断某物对一个人的效果如何。生成性研究则意在收集关于某个人、环境或市场的知识，这些知识能够为新创意的产生打下基础。本书定义的同理心类型属于生成性研究。

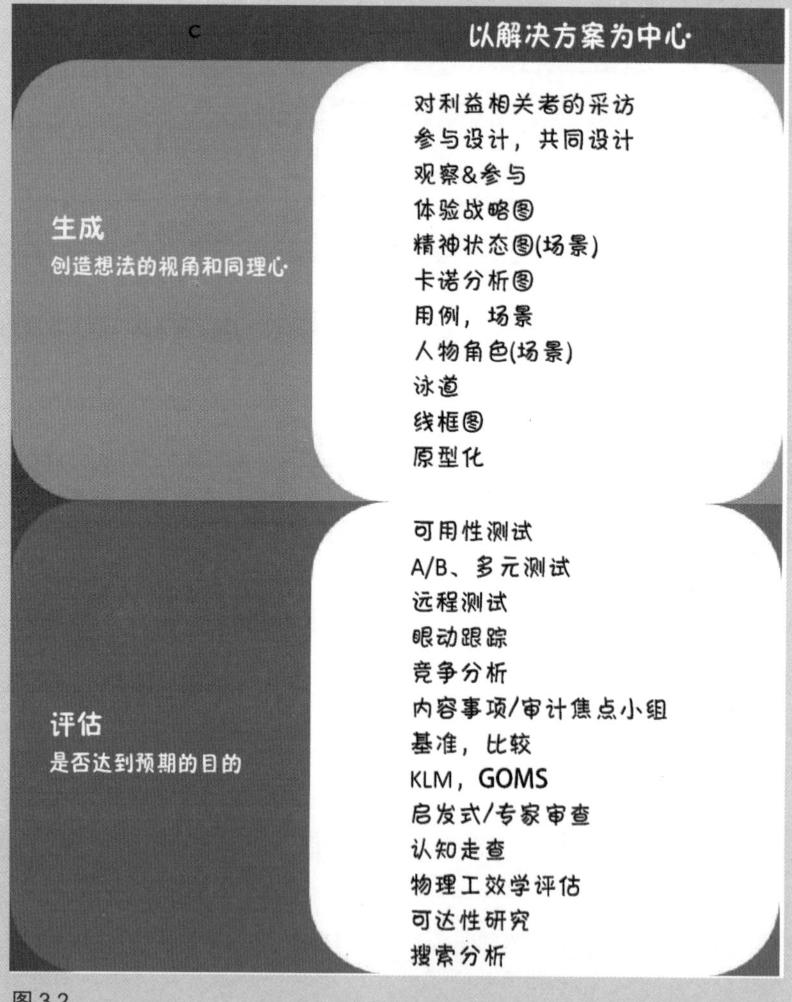

图 3.2

大多数支持创造性工作的探索都是以解决问题为中心

有必要进行更多以人为中心的探索。

在那些参与评估性和生成性研究的人之间，还存在着另一个你可能感兴趣的差别。通常，所有与“用户”有关的研究针对的都是将被“用到”的解决方案或想法。“反馈”这个词有一层近似的含义——它还需要倾听与解决方案或想法有关的一些事情。生成性研究很少将关注点只放在某个人上，也很少只关注这个人的想法、反应和目标，更不会寻找机会将自己的想法融入对方的生活。以人为中心的生成性研究对以解决方案为中心的研究而言，是极强的“助攻利器”，能够指出为什么有人以他（她）那种方式做决定（图 3.2）。

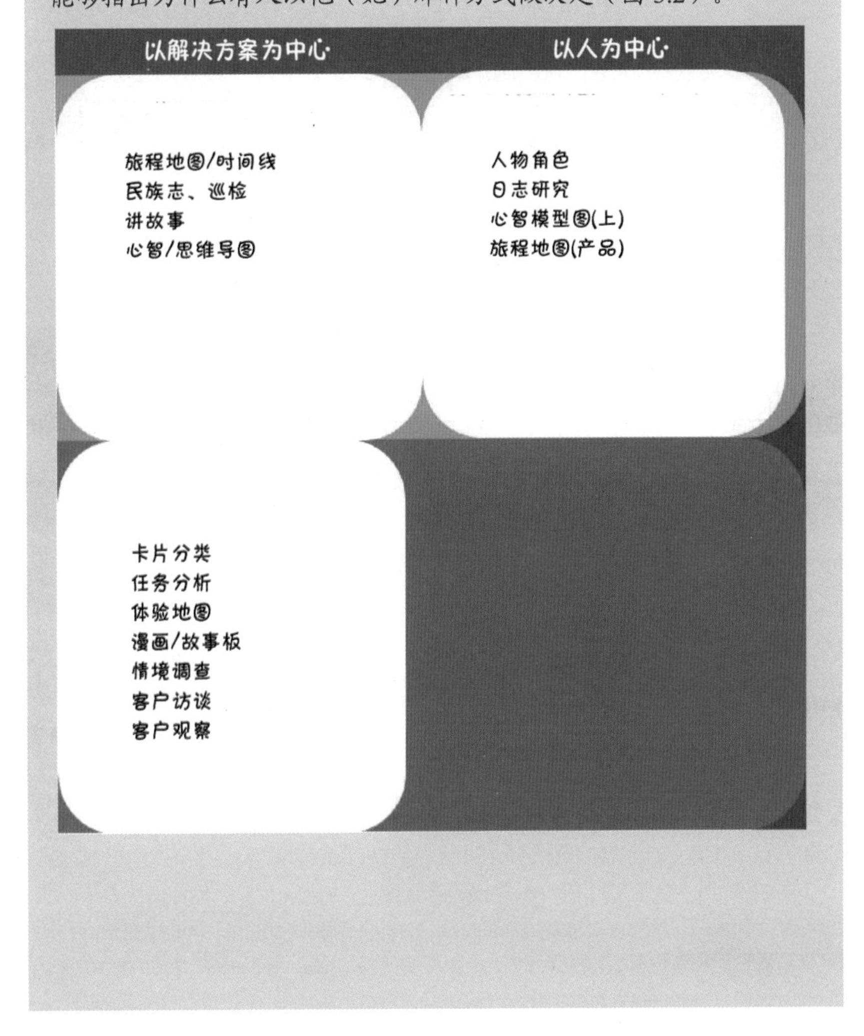

在某些情况下，同理心的运用的第一步是找出思维模式和决策模式，进而把它们整合到团队当中。在其他情况下，比如想要加快进度时，你会完全跳过这个阶段。无论哪种方式，接下来都是站在某个人的立场上，尝试按他的思路进行逻辑推理（图 3.3）。这个练习的目的是帮助确定究竟要做什么产品或者服务，例如，部门的新招聘程序，或者在工作中与其他人的一些互动，比如如何搞定阻碍个人进展的人。这些阶段将在本书的后几章中进行详细介绍。

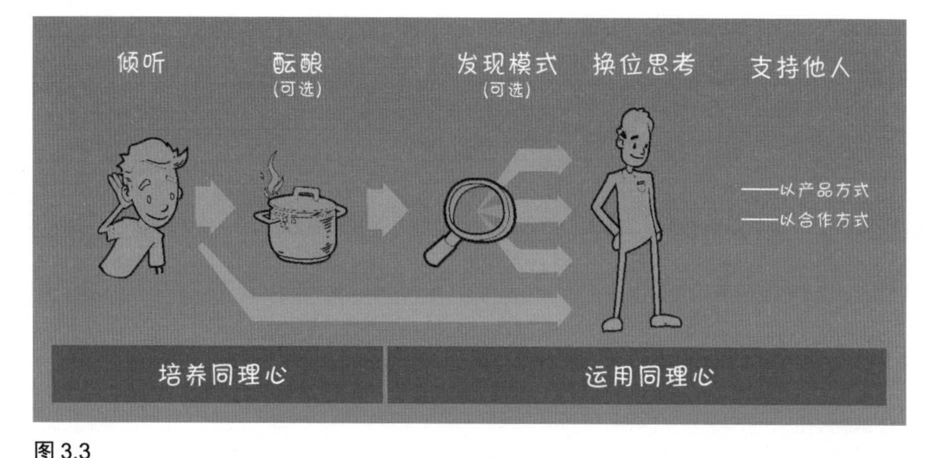

图 3.3

同理心的两个部分——培养同理心和运用同理心——是截然不同的。在做产品或服务的互动过程中，两者都可用来指导我们的决策和行动

具有讽刺意味的是，同理心常常被用来说服人。在市场营销、政治和传媒等领域，理解他人，目的往往在于改变对方的信念或行为。这并不是同理心的唯一用途：它还可以用来鼓励年轻人成长或变得更成熟，教他们尊重不同于自己的观点；也可用来影响谈话的主题、说话的语调和所用的词汇，以增强沟通。此外，同理心在字面上还被解读为换位行为，想象在对方的处境中自己的行为表现。[①]然而，对工作有影响的同理心运

① 有些电影导演会强调人物的深度而不是故事的深度。导演李（Mike Leigh）没有给演员任何剧本，也没有台词——只有一张角色示意图。《无忧无虑》（*Happy-Go-Lucky*）是他的一部作品。导演多雷穆斯（Drake Doremus）在拍摄《爱疯了》（*Like Crazy*）一片时，演员们为角色创造排练了一个月。参见安德森（John Anderson）2011 年 10 月 21 日发表于《纽约时报》发表的文章“自由发挥的自由精神”。

用就是用它来支持他人。为他人提供支持的同理心是指愿意认可他人的意图并采取合适的行动，因为对他人有同理心而调整和改变自己的意图。

在培养同理心的过程中，你习得的技能可以让你受益终生，因为人的逻辑推理模式不会轻易改变。模式不会因为工具和技术而改变——在大多数情况下，只有实现目的的频率和速度会发生变化。可以预见，你积累的知识将伴随着你整个职业生涯。知识恒久远，不需要在构建知识体系的过程中急于求成。即使时间年复一年在流逝，但知识和智慧一直都在，你随时可以添砖加瓦。

说明 什么时候不该说“用户”这个词

> “用户”这个词与产品、服务、流程、策略或内容直接联系在一起。实际上，你可能会说“顾客”“读者”“客人”“病人”“乘客”“会员”或其他名词来形容使用产品的人。在运用同理心时，用这些名词是可以的。但在培养同理心的阶段，对方与产品尚无关系。他（她）只是一个你想要更深入地去了解的人。因此，在培养同理心时，请避免使用这些“用户”名词中的任何一个。请用“人”或“人们”，甚至某个人的名字。

倾听环节如何安排

同理心思维中的倾听环节其实很灵活。这里给出一些提示。首先，即使“倾听”一词意味着听某人讲话，也完全可以借助于书面语言来“听”。只要能重新梳理记下来的内容，提一些与之相关的问题，就能有更透彻的理解，“写”完全是一种可以接受的“倾听”方式。

不过，我们往往将倾听理解为听别人说话。这种倾听暗示着同步的讲话，因为你会在此过程中与对方反复交流——说几句、深入挖掘，再说几句、再深入挖掘。以面对面或远程连线的方式，你与另一个人联系（图 3.4）。

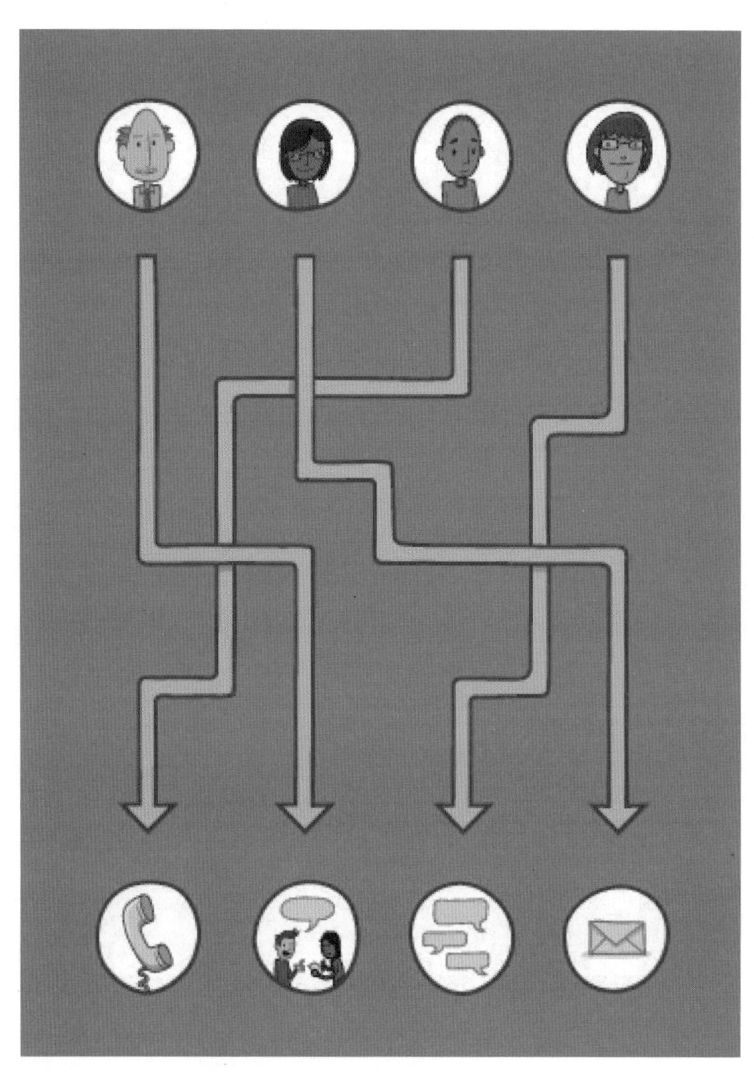

图 3.4
倾听可以很灵活，甚至可以通过书面语言来“听”

正式的倾听环节

可以一种较随意的方式进入倾听模式，比如在走廊上与同伴交流。或者专门设定一个倾听时间，有了正式时间，交谈就可以称为“对话”（conversation）或“倾听环节”（a listening session）。“对话”一词意味着大家你来我往地说，严格意义上来说并不完全正确。但它很通用，大家都知道它所描述的事。在与他人建立会话时可以使用“对话”一词。但在自己的头脑中，要用“倾听环节”[1]。这个词的意思是要听那个人说话，而不是致力于两个人对话。

也不要把倾听环节当成访谈（interview）。“访谈”这个词已经被用滥了，以至于别人听你这么说的时候，往往会联想到其他事情。

要进行正式的会谈，一定要先找到合适的对象。谁都希望对方擅长描述，而不是就用一个词来回答你的问题。在提前预约这样的会谈时，可以先告知对方谈话的范围、任何想要获得的有关项目或组织的细节以及举办会谈的目的。对于书面会谈（附有问答部分的文章），可以在书面介绍中加入这部分内容。最好对正式的倾听环节进行录音，从而能更顺利地进行下一阶段——万一忘了啥，还可以回顾一下刚才说过的话。要是能将录音转化为文字就更好，回顾起来更方便，甚至还能检索自己记得的某些词，方便自己回忆前因后果。根据许多国家的法律，录音必须要得到对方的许可。为了方便起见，可以在录音中录下口头许可。如果有人恰好不想录音，就尊重他的意愿吧，千万别抱怨，还是能够从中获得许多信息，使会谈变得有价值。

同理心不是访谈

“访谈”（interview）这个词有多重含义。每种访谈都有不同的目的和形式。因此，为避免引起混淆，尽量不用这个词，尽管倾听就是为了产生同理心而进行的非定向访谈。

英语中的“interview”一词有下面几个意思。*

- 面试，即雇主和潜在求职者之间的会谈，雇主将会评估求职者的技能和态度，求职者则可判断这份工作是否适合自己、同事是否好打交道。
- 广播、电视、演播室或小组主持人与嘉宾进行的对话，目的是用嘉宾的回答来娱乐或教育观众。

---

① 设计研究机构 STBY 一般用短语“同理心对话”来指代这种倾听会议。参见 www.stby.eu/2012/09/03/empathic-conversations/。

- 记者从专家或证人那里收集陈述资料，有可能引用到自己的报道中。
- 侦探与专家或证人的讨论，以了解可能发生的真人真事。
- 设计研究人员了解他人如何使用产品、服务、内容或过程，以判断产品功能。
- 心理治疗咨询的一种形式。

* 在我上一本书《贴心的设计》中，我把倾听环节称为“访谈”或“非定向访谈”，但在“访谈”的其他定义中似乎丢失了关于理解个人作为人类存在的一些信息。

如果是通过远程连接来进行正式的倾听访谈，可以邀请同伴一起听。

同样，根据大多数国家的法律，需要先征得对方的同意。这些旁听者必须保持沉默，但他们可以通过聊天或共享文档进行连接，出于学习用途，也可以交换关于所述内容的备注。有时，当某人同意其他听众的意见时，可能会对自己的回答犹豫不决。但这种犹豫很少持续五分钟以上，因为远端的那些人很容易分心。

为什么远程连接也可以？

各学科的研究人员对远程倾听的看法是有分歧的。民族志学者认为，观察的优先级更高。可用性研究人员则高呼：“走出大楼！到用户面前去！”而普遍的看法是，考虑到肢体语言和实际环境的局限，面对面交流可以提供更丰富的信息。面对面交流受到追捧，人们普遍认为它有助于理解研究参与者觉得不必说出来的小细节以及或许换了一种说法的信息。然而，对于培养同理心，远程倾听也是可行的，取决于个人的习惯和舒适度及其他人的话题和背景，有的时候，它的效果甚至胜于面对面倾听。

正因为同样可以达到“到用户面前去！”的目的，所以远程倾听是可行的。有些研究的目的是评估解决方案或服务，这样的研究就可以这么干—

—是的，到现实世界中去。它真的可以加深理解。[1]但是，培养同理心针对的不是解决方案或体验。在很多情况下，它甚至都算不上是研究，而是帮你知悉他人在实现目的时的思考，以及诸如此类的知识。 即使在你对客户表现出同理心的情况下——这可以称为研究[2]——他们的目的也肯定远远大于你的组织所提供的任何解决方案或服务体验。你正在“打探”的那位人士，他（她）可能还没使用过你们公司的任何产品。细节完全在人的头脑中，而你也只是在思想的边界内探索。远程倾听是连接心灵的完美方式。

某些时候，远程倾听格外管用。假如对控制自己的面部表情不是太有信心，或者担心对方的某些举动可能会无意中影响或分散自己的注意力，远程连接就能很容易地帮助打消这些顾虑。[3]此外，由于看不到对方所处的环境，他会主动多讲讲自己的周围如何影响其思维。这些描述提供的素材更多。由于不会受到你可能不太专业的肢体语言的影响，所以他可以更坦诚地谈及健康或金融等敏感话题。对方往往还会经历一些自我发现过程，因为他正以一种自己从未设想过的方式来看待和体会内心的想法。远程连接可以产生使你和其他人都感觉舒适的距离感。

一次只听一个人讲

关于倾听，唯一没有商量余地的规则是一次只该听一个人讲。需要集中精力花时间去探究一个人更深层的内心推演过程。如果别人要告诉你他心里的想法，先得有机会建立起对你的信任。不能同时有多人一起讲他们的故事。如果还有其他人，正如对专注力小组的研究一样，有些成员总是会拖累别的人，甚至可能为适应或使对话更顺利而吸收其他人的理

---

① 参见波蒂格尔（Steve Portigal）《用户访谈》（*Interviewing Users*）一书，特别是“对社交礼仪的选择”部分第 21 页。

② 虽然，在倾听并培养对顾客的同理心方面，更适合用“探究”（exploration）一词，而非“研究”（research）。

③ 远程视频通话也适用，如谷歌 Hangouts、Facetime 或 Skype，此时可以考虑关闭视频，只使用语音通话功能。

念。谁愿意总有一群人三不五时地干扰自己以至于无法深入对话呢？所以，每次只能有一个人说话。

不要问题清单

如果对采访有所了解，即使只是校园记者时代的那点经历，也难免对提前准备一份问题清单时需要付出的努力"心有余悸"？但倾听环节不是采访。扔掉问题清单吧。别再把力气花在研究该聊什么话题上了。任何先见之明都会分散你对对方的注意力。没有清单，照样可以做得很好，就像在会议、聚会和婚礼上，那些场合里你并没有拿着清单，但一样发挥出色。关于如何在没有问题清单的情况下进行正式的倾听环节，下一章将提供更多建议。

远程教导

作为一名生活教练，ZôDe Muro 在倾听客户意见方面有 25 年的经验，他的学员一直在致力于自身行为的大改变，以达到自己的健康目标，在这个过程中，他们经常与教练沟通。随着时间的推移，他得出了结论，即"观察者效应"*在面对面会话中最为明显。"客户往往想要取悦教练，所以他们会有意说某些话以期获得对方的积极反应，"Zô 说。为了最小化观察者效应，Zô 喜欢通过电话进行客户访谈，这样客户就可以专注于自己。"有了物理距离，客户往往更放得开。"

Zô 学会了密切关注某个人的声音。他听音调、语调、速度、音高、节拍和停顿，每一方面都有着独特含义的集合——尤其是沉默。"总而言之，仔细倾听客户的声音会告诉我大量的信息。"最后，佩戴助听器成为了 Zô 的日常。他在通话时借助于增强助听器，他采纳了这一技术。"打电话的时候，我会调高耳机音量，这样就能听出一些细微的差别，否则它们会淹没在周围的噪音里。"

* 观察者效应意味（Observer Effect）着我们在观察某样东西、某件事情或某个人时，行为方式会发生轻微的改变。Zô 所认可的定义里有更多物理学上的解释，但这一概念也适用于这里，详情参见 http://www.grc.nasa.gov/WWW/k-12/Numbers/Math/Mathematical_Thinking/ observer.htm。

力求简单

倾听最大的好处是，在培养同理心时，不必非得是一名“优秀的推动者”或“熟练的面试官”。它的更多要义在于保持好奇心。对此，孩子们也能够做到。需要的是放下自己的想法，真正地理解和吸收所听到的信息。

所以，现在你已经准备好深入了解这种新的倾听方式了，是不是？

下一章将包含许多技巧。给自己预留足够的空间去练习吧，大脑需要几个月的时间来消化吸收。每天进行一些“微倾听”，不断练习，最终习得同理心。

培养同理心意味着
只关注对方所说的那些事情的起起落落，无他

第 4 章

一种新的倾听方式

为了建立同理心，我们需要从更深层面上去理解一个人的内心世界。现在还没有读心术这样的服务，所以探索人的思维只能靠倾听。文字表达是必须要有的。无论是通过公开讲话或者文字记录，人的思考都需要通过交流来表现。这方面，可以有很多形式和场景。

无论对方的表达是书面还是口头的，我们找的都是他的内心独白。一些场景案例或者经历的叙述很有用。可以直接深入询问细节，但不是发生的事件，而是在事件发生过程中对方考虑的是什么。可以书面或口头请对方澄清细节。当然，对方可能会忘记事件发生时一些思考过程，但他一定会记得对他很重要的部分。

人的内在思考过程，包含很多部分：事情的来龙去脉；决策和迟疑不决的过程；自然反应和因果关系。这些都是指导个人行为的内在心流。事情如何发展的那些浅层解释、观点和偏好，都在人的行为环境中创造出来，就像是湖面的水纹。我们不是要去追寻那些解释、观点和偏好，而是应该深入内部，理解他的思绪。

建立同理心的目的，并不是找机会提供工具和服务来改变他，不是在寻求公司或工作的意见反馈，不是借此机会考量对方所说的话如何帮助我们改进实现目标的方式。这些都发生在建立同理心之后。为了建立同理心，有兴趣了解对方的内在动机即可。这些内在动机，是驱动人类度过时光的永恒动力。这些底层动力，是你和他能够建立同理心的关键。如此这般，你才能看他所看，想他所想。

本章介绍如何专注于倾听。虽然这里使用了“听”这个字眼，但并不局限于文字记录。本章阐述的所有建议，适用于任何口头和书面文字。

一种完全不同的倾听方式

人与人之间的日常交流，典型的对话方式并不深，还不能达到能建立同理心的程度。通常，我们只停留于单纯推断字面意思和接受偏好建议的层面。在某些文化里，发表评论甚至被认为是一种不礼貌的行为。所以，日常的沟通并没有太多机会能够让人深入了解另一个人。要建立同理心，我们还需要有倾听能力。首先，需要持续关注对方在说什么，不能分心只想着自己的思考或者反应。其次，需要让讲话的人觉得信任自己而愿意向自己袒露心扉。

实际上，我们并不能做什么准备工作来提前了解对方，也没有提前准备好的问题。我们完全不知道对方如何在谈话中会将自己引到何处。这其实是好事。因为，我们追求的是能有一些新鲜有趣的观点展现在我们面前。

倾听，首先从与对方紧密相关的目标或意图开始。在正式的倾听环节，我们要确定一个范围，比自己或者组织能提供的广泛，这个范围通常由对方的目标来定义。比如，假设我是保险公司的，就不要把范围限定于与人寿保险相关，而要拓宽到生命事件，比如家庭成员离世。[①]我一开始的表达可能是这样："我想知道你最近经历的这件事情以及当时在你脑海里闪过的想法。"对于那些并非预先安排的倾听环节，可以问对方当初注意到的一些事情。如果是你的同事，则可以问一下他对当前项目的看法。

深入思维模式

到底有多么经常把所有的注意力放在倾听的对象身上呢？根据布鲁克斯（Kevin Brooks，《讲故事的艺术》一书的合著者）的观点，通常听一段对话的开头，然后就可以告诉另一个人自己的猜测，或者匹配另一些人的故事里面相似的点，加以取笑和调侃，或者捏造。[②]

一旦进入深度倾听的状态，感觉会非常不一样。大脑会进入一种不同的状态，更镇静，更留心对方所说的内容，因为不会有零散的想法在脑子

---

① 如果是市场调研人员，倾听环节就该是一种产品调研的形式。它应当关注于人的需求层面，而不是在解决方案层面。因此，这种做法就可以更容易避免老是考虑某方案是如何能帮到其他人。参见第 3 章在工作中运用同理心的"业务调研类型"。

② 这是我从布鲁克斯博士 2008 年 UX 周的工作坊中悟到的，更多详情可以参阅 http://boxesandarrows.com/ files/banda/user-experience-week/UXWeek08-Brooks.pdf。（编注：令人痛惜的是，他在 2014 年因胰腺癌去世。）

里滋生并到处窜。你会失去时间的概念，因为此时自己正沉浸在对方谈及的话题中，尝试去理解他想要表达什么意思，思考是否与他说的其他话题相关。大脑或许会时不时下定论，但都能被自己持续地留意到这种情况的存在。忽略它，并尝试更好地抓住讲话的人真正想表达的内容，会进入米哈耶维奇（Mihaly Csikszentmihalyi）[①] 称为“心流”的思维状态，全神贯注于其中。

这是一种完全不同的思维状态。我们无法也不可能一直对其他人保持这样的专注度，因为在大多数的时间里，我们都需要思考自己的问题和解决方案。但是，一旦有必要和有帮助，我们都可以进入这种专注的思维模式。

单纯吸收和理解自己所听到的信息

在充当专业采访人员的时候，你可能会认为自己是一位很好的倾听者。但请回想一下，当时你的大脑同时在做什么。通常情况下，专业人士会处于一种“采访者”的思维模式，持续分析对方刚才说了什么，拿对方所提供的信息和自己的需求相比较。特定的情况下，采访人员也许还需要代表一间公司，或希望给对方留下一个良好的印象。另外，专业采访人员还需要绞尽脑汁思索下一个问题。所有这些大脑活动，都会妨碍你在倾听中产生同理心。需要清空大脑，不带任何想法，以至于能充分吸收演讲话的人的思想。此时唯一流经大脑的是持续探索是否对听到的话做过任何假定。

寻找意图

建立同理心的目的是理解另一个人，而不是理解如何帮助某人或物完成他的工作。第二个目标可以先放一放。当前，我们的路线要具备一个更宽广的视角，涵盖对方尝试实现的更广泛的目标。

关键做法是找出对方的行为动机，想想为什么他要这么做，而不是如何

① 中文版编注：享有盛誉的心理学家和作家，他的著作有《心流》和《发现心流》以及另外 4 本关于心流的书。可以观看他的 TED 演讲和 YouTube 视频。

做，也不是使用了什么工具或服务。我们追寻的是方向，达成目标的内在动机，还有总体的意图，内心的争论，迟疑不决，情感，权衡，等等。我们要的是内心和思想深处的变化过程，思考或感受，无论是任何人，老或幼，500 年前，还是 500 年后。这些都是能够帮助建立同理心的细节。浅显浮于表面的解释或偏好并不能反映出一个人的推理和论证逻辑。

如果要提醒讲话的人我们对他的内心和思想感兴趣，可以提出下面这样的问题：

- “你当时做决定的时候是如何考虑的？”
- “告诉我你是怎么想的。”
- “你的脑子里刚刚有什么念头闪过？”
- “你在想什么？”

如果察觉到他的故事背后隐藏着情绪反应，但是他并没有提及，可以问：“当时你是怎么反应的？”

有些人会问：“你的感觉如何？”这样问可能会使对方觉得尴尬，因为听起来像心理治疗师一样。另外，有些人或者行业是避免用“感觉”这种说法的。我们需要得体地选择一种适合当前讨论场景的说法。

不要涉及任何解决方案。倾听环节并不适合深度思考具体如何改变对方。不要问“你有什么建议吗？”这样的问题。如果对方有提到公司的方案，也可以，因为这个环节该他说话。这是他的表达时间，不是你的。不过，不要在这个话题上延伸太多。等他说完，引导他想象过去都发生了哪些事情。

确保真的理解

我们很容易认为自己已经理解了对方表达的意思。我们的人生经验和观点持续不断地影响着自己理解世界的方式。我们必须下意识地提醒自己，时刻准备向讲话的人提出下面两个问题。

- “你说的是什么意思？”
- “我不是特别理解。你可以解释一下你是如何考虑的吗？”

切记，我们和讲话的人具有不同的人生经验，对事情背景的理解也不一样。我们不知道一些事情对他来说意味着什么，所以，我们需要询问和进一步确认。通过持续的刻意练习，我们才能认识到自己的理解是基于个人的，还是约定俗成的惯例。

有时，我们还想再深入探究多了解一些背景信息，但对方确实没有什么可以说的了。这种死胡同的情形确实会遇到，但并不是大问题。继续追问“请解释一下你说的是什么意思？”这样的问题还是可以的，因为很多情况下，这类问题还是能够给我们带来丰富的信息和细节。

我们不必急于在一次倾听环节就找到所有的答案。没有谁给我们强加任何时间限制。如果我们认为已经弄清楚讲话的人说的每一件事情以及背后深层的原因，倾听环节自然就结束了。讲话的人认为重要的事情都会浮出水面，我们不需要“引导他进行深入的沟通”。相反，我们要挖掘细节，尽可能多找。要控制自己转移话题的冲动，因为那不是我们该干的事。

或许，我们在谈话中会感到对方似乎正朝着自己期待和感兴趣的方向进展。但是，如果你一直保持开放的心态，并让对方清楚解释他的想法，你可能会惊讶地发现，他说的和你期望的根本不一样！

通常情况下，我们都羞于承认自己居然不理解一些很基本的常识。毕竟，我们穷尽一生都在向老师、父母、同事、朋友和老板证明自己的能力。或许你也已经习惯了充当专业采访人员的角色，提出精彩的问题。但是，富有同理心的倾听环节完全不是这样的。我们并不想让讲话的人在对话中表现得黯然失色。相反，我们要表现出自己根本不了解他的想法。那是他的思想，而我们不过只是正好经过的路人。

有些时候，问题不在于我们做了某些假设，而是在于讲话的人真的说了一些令人费解的信息。不要一带而过，要反馈并向讲话的人进一步提问，直到搞清楚为止。

不要满足于自己的假设。要学会判断自己什么时候是在假定对方想要表达什么。训练自己，达到能够条件反射一般地深入挖掘对方想法的程度。我们无法让自己做到不做任何假定，但可以在察觉之后继续深入探讨。

蹒跚学步，不丢人

提问是另一种避免建立任何假设的方法：

- “为什么是那样的？”
- “你那样说是什么意思呢？”

进入学步儿童的思维模式。学步儿童很容易清空大脑，天马行空。他们没有成人的思维定势。他们只是接收对方所说的内容。一旦遇到一些不清楚的想法，或者一些词汇的新用法，他们就希望得到解释。接二连三地抛出“为什么？”他们并不觉得不懂是令人尴尬的事情。模仿学步儿童的空杯心态：关注于自己是否准确领会了对方的意思。当然，不要一连串地问“为什么”“为什么”，把对方弄烦了。毕竟，大部分学步儿童和成人之间的对话，最终都终结于成人恼怒地冲着孩子一声吼：“因为这是我说的！”

另一种解释是，因为我们会有意回避弦外之音。一听到别人说话，敏锐的直觉就会诱导我们放弃探究，被对方牵着鼻子走。要抵制这种冲动。我们要练习如何识别人们说的那些笼统的、随意的表达，比如“我知道他说的是业务上的事”或者“我去探望了他们”。针对这些笼统的表达，我们或许大概了解是什么意思，但这可能会使我们陷入困境。如果不问清楚这些表达的真正含义，我们可能会错过当事人真实的想法。我们要把预先形成的判断作为路标，指引自己深入了解那些笼统的表达，让讲话的人解释他的思考过程。

留意三个要素

只要经过多年的实践，我们就能在倾听环节从讲话人的思绪中更容易捕捉到各种信息。但在当前，我们真正需要留意自己是否是在有意挖掘讲话这个人的深层逻辑。

我们要找的信息，不同于要从口头演讲或者专业采访和调研中找的信息。比如，在工作面试中，关注点是对方的技能和问题解决能力。又或者，面对面的访谈节目，会尽量引出一些能取悦或激怒听众的故事和秘密。在可用性调查中，我们会找难点、抱怨、变通方案、希望和推测等。同理心则更中立。要建立同理心，我们需要留意以下三个要素：

- 推理（内心思考）
- 反应
- 指导原则

如果把讲话人的故事比作流动的水，我们最终肯定会善于于发现深水中隐匿的很多细节。有三类信息要识别。那里是情绪反应……思考就在那，哦，这是指引他的原则。进一步挖掘那个问题，跳过浮于表面的解释。识别出真正有助于建立同理心的信息。这种认知能力也能帮助我们识别出真正需要深入挖掘的观点，以更好理解背后的推理过程。

内心思考或推理

“内心思考”，从字面上说是思绪，在采取的每个行动、决心或者声明背后的推理。这些词“掩盖下的”“底下的”“深层的”，传达的意思都是不要马上接受一个人最开始所说的话。通常，一个人总是从解释来开始故事的。“正因为这样，所以我才这么做了。”像这种表达，我们需要猜一下对方为什么要这么做。如果我们最终获得的只是事实，没有任何原因或动机，则说明我们根本不理解对方。我们有的就只是猜。

反应

反应是对具体情境或刺激所做的回应。在倾听环节，听到的反应通常都是情绪性的，是对方在描述某个具体情景时的回应。反应的识别非常重要，因为它们通常和推理同时出现。有时候，一些对外界事件的情绪反应会产生一系列的推理。有时候，一个内在的思考过程也会产生情绪反应。反应隐藏在一个人的行为背后。如果找不到一个人的真实内心活动，就会错过大部分真相。

与期望相反，人们比较容易说出自己的情绪反应。这些反应很容易表达，因为它们随思考一起出现，也因为它们通常不会造成什么大的影响。它们都是一些日常感受，比如失望、希望或信任。

要知道，某种特定刺激会产生特定的情绪反应。一系列的相近刺激能触发某种心情，如兴奋或者厌恶。领会心情很重要，因为能让我们感知背后的刺激物和反应源。但如果只了解对方的心情，无助于了解他的思维过程。

指导原则

指导原则是一个人的理念或信念，它决定着一个人的行为、选择和表现等。人会把某些原则应用于个人生活的很多场景中，并下意识地根据这些原则来指导自己的行为，与其为人准则相一致。这些指导原则有如“尽量不打扰他人”和“有容万物之所，万物各就其位”。认清指导原则对建立同理心非常重要，因为这些原则阐明了一个人的思想根基。如果了解对方的指导原则和与我们的不同，我们更容易感同身受，还能更准确地模拟还原他处于某个特殊经历中的思维和感受。

图 4-1

学会深挖浮于典型对话表面的话语，发现隐藏于底层的推理、反应和指导原则

指导原则通常是在孩童时代习得的，所谓三岁看大嘛。然后，这些原则变成无意识的生理反应。因此，在倾听环节中，发现指导原则是很少见的。它们通常在会谈中悄无声息地流露出来。另外，很自然，我们会倾向于假定对方的指导原则和自己的差不多。所以，要留意这种倾向。承认他人的指导原则和自己的有差异，才能照亮前面的道路，去真正理解对方，而不是我们自己的观点。

随之起伏

在倾听的时候，把所有的精力都放在对方身上。我们要跟随对方所讲的故事情节分支，进入高潮和低谷，此外其他。我们要告诉对方自己对他的故事很感兴趣，好让他愿意敞开心扉。也要鼓励他更多深入细节，好让我们能完全理解。要避免引导性谈话，使其偏离他原来的方向。总的来说，在倾听的时候，我们不是想要解决问题。我们只关注于倾听。下面这些具体操作指导可以帮助我们更好地掌握这个技能。

从宽泛的主题开始

把自己感兴趣的领域描述给讲话的人听，让他选择从哪个方向着手。通常，讲话的人会马上跳入主题，但是，也由于他熟悉其他类型的采访，所以可能会等你列出更具体的问题。如果是这样，他会问："你希望我从哪里讲起？"控制好自己想要带他进入某个具体话题或方向的冲动。最好答复他："当我提起这方面的事情时，你脑海里最先闪过什么想法？"或者"在过去几个星期，有没有什么关于这方面的思考。如果有，那是什么？"通过来回协商，可以从他选择的方向打开话题。

不管他决定从什么话题开始，我们都要给予认同，即便看起来它和提出的话题没什么关联。因为那是他决定的话题，也是他最顶层的思考。这种想不到的相关性能帮助我们拓展关于此话题的认知框架。即便是神探福尔摩斯，也知道让对方选择话题能使自己了解更多故事细节。"按你的方式讲给我们听。"[①]

坚持让讲话的人引领方向

让讲话的人引领对话并紧紧跟随。他会告诉你他想说的所有事情。让他

① 柯南道尔（Arthur Conan Doyle）在《血字的研究》中福尔摩斯的原话。

担当向导[①]，他不提的，不要多问。只要给他时间，他会把所有和他相关的事情都告诉你。

千万不要列出要谈哪些具体的话题，试着放松并观察讲话的人会把我们带到何处。如果是比较正式的会谈，可能需要花几分钟鼓励对方，让他知道他有话语权。一旦他意识到话题由自己主导，我们会听到他的音调会发生变化并感受到他是怎样接过话题的。

只要全神贯注于对方在说什么，我们就不必担心接下来要谈论什么话题。倾听比采访更轻松，无压力。我们完全不必着急忙慌地“琢磨接下来要问什么”或者“下一个问题是什么”。我们只需要是一个安静的、感兴趣的听众。我们的职责就是跟上对方讲话的节奏。

或许有一些主题是我们非常希望对方谈的，但他说的所有事情都无法最终通往那个方向。仍然要克制自己的兴趣，不要打扰对方讲话。坚守这个规则的原因如下。

- 如果问了自己感兴趣的话题，我们就会变成谈话的“主人”，而讲话的人也会很高兴地卸下这个责任。那么，在接下来的环节里，很难再要他主导话题方向。
- 讲话的人可能对我们带出的话题没有什么可说的。可能他没有任何相关经验，又或者不愿意分享。无论怎样，谈话就会变得不顺畅，要重新花好些时间才能回到原来的状态。
- 讲话的人也许猜测这个主题对我们很重要，并可能下意识地掺杂一些推测、谎言或者观点来尽量给出他认为我们需要的一些信息。这些对我们没有任何帮助。我们需要的是讲话的人阐明自己的想法和他认为重要的地方。

同理，对方提及的主题可能是你非常感兴趣或者有一定看法的。请克制

---

① 我在 2012 年 10 月写过一篇文章“跟着宋一起逛北京”。这篇文章的中文版译文可以扫描二维码阅读。

冲动，不要提出问题，寄希望于对方支持自己的观点。尽量保持中立，聚焦于理解他的观点。

最后的言论如何深挖

面对没有准备好问题的访谈，很多人都会有点小紧张，担心自己不知道在对方结束话题时还能怎么问。其实可以选择下面两个方向。

- 询问对方之前提过的话题。
- 对你可能有假设的一些话题，深挖更多细节。

如果这两个方向都不可选，你就知道是时候结束了，不要尝试再拓展新的领域。

通常，讲话的人会告诉你他头脑里的一些想法，而你注意到其中一些细节有缺失或者这个想法太空洞、肤浅。所以，后续的提问有助于获取更多解释。当讲话的人表示已经说完某一件事情，通常还有一些可以跟进的事项，可以作为引子来拓展故事。

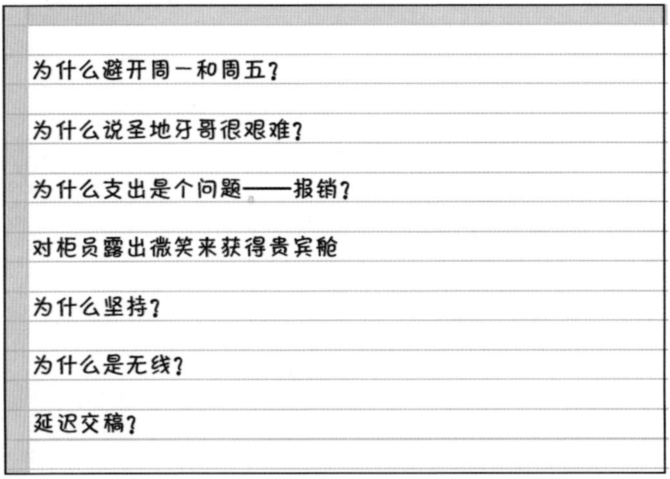

为什么避开周一和周五？

为什么说圣地牙哥很艰难？

为什么支出是个问题——报销？

对柜员露出微笑来获得贵宾舱

为什么坚持？

为什么是无线？

延迟交稿？

图 4.2
在一个 55 分钟的倾听环节中记下来以便提醒自己的所有备注

一般情况下，大部分言论都不需要记录，因为都能记住。但是，有那么一两点或许还是需要记录的，尤其是你估计他可能短时间内无法结束当前话题而使自己可能遗忘时。在会谈开始的时候，讲话的人会引入几个话题。通常，他也会按自己的节奏逐个细化。但是，如果觉得自己可能需要后续提醒他，并且不能记得全，最好还是记下来。用一两个词来标记一个主题即可。

有时在会谈环节真正开始前，讲话的人并不清楚我们需要哪些细节。如果是这样，不必为我们对讲话的人说的每件小事都寻求更多信息而感到惊讶。通过对细节的兴趣来帮助他展开思维，告诉他我们需要他真实地想法。在这种情况下，讲话的人通常就能跟上并主动提供更多细节。

随着环节慢慢展开，讲话的人会从一个话题跳到另一个。他提到某些细节可能让他想起其他事情，然后转到另外的话题。最后，他又会回到原来的主题并得出结论。这不是什么新鲜事儿，谁都遇到过。让他不断展开好了。而且，如果说话的人把他的表达转为第三人称，用的是“你”而不是“我”，通常说明他说的也还是自己的想法和感受。

别做笔记

会谈可以很随意：比如，在走廊或者咖啡厅遇见某人。也可以是一个精心安排的时间，坐下来好好谈。如果会谈是预先安排好的，可能要提前决定做记录。

在任何情况下，都不要做笔记。

在倾听环节，我们的注意力应该集中在讲话的人和他的“千头万绪”中。如果记笔记，我们很容易分神。我们的思维不应该做倾听和理解之外的任何事情。做记录会占用我们稀缺的注意力。

如果在倾听环节做记录，会记下所有的东西。如果不做记录，我们的大脑会吸收重要的部分，然后回头再记录下来。因为在倾听的时候，如果保持高度专注，重要的事情也会留下不可磨灭的印象。

大多数笔记包含的都是为模式合成准备的一些观察，倾听环节并不适合做合成。要建立同理心，就不要养成这样的习惯。讲话的人时间很有限，所以我们要集中所有精力在他上面。

还有，别担心询问细节会导致超出范围。把它想像成在挖掘某种特定种类的宝石。花些时间探索矿脉是必要的。最终多半都能给我们带来宝藏。

表达尽量简短

在整个会谈中，我们要尽可能地表达简洁。提出的问题要轻松简洁，比如下面这些。

- “为什么是那样的？”
- “你当时是怎么想的？”
- “你的推理是？”
- “再讲讲你是怎么解决 <她的原话> 的。”

甚至都不需要用完整的句子。我们可以简单地这样问：

- “因为？”

作为一个问题，“因为”这个词能让讲话的人在我们说得不很具体的情况下解释详细的原因。让讲话的人主导话题。我们不必在紧张的会谈中花精力提出正式、严谨的问题。

确保语调好奇、轻快，而不生硬、苛刻。用一种苛刻的语气问“为什么？”会使对方觉得我们是在评价他并认为他做得不对。“所以我决定买豆蔻口味的冰激凌作为甜品。”“为什么？！”这种语调会让人觉得这个要冰激凌的决定是错误的，或者说选的口味让人觉得恶心。用一种好奇的语调来缓和我们的意思。或者，可以说：“你当时是怎样想的？”

有时，我们还用一些不雅的方式来表达。我们可能非常希望重申自己的问题来更清晰地表达。别把时间花在这上面，除非讲话的人希望你澄清。一般来说，最开始的表达方式尽管不完美，但也足够使讲话的人能够理解和做出回应。如果我们还花时间去更正，讲话的人可能会在等重新提问的时候分心，以至于可能给出浅显的答案，而不是出于直觉的回复。

同样，在我们提问后，如果对方还在思考答案，务必克制住自己打破沉默的冲动。尊重对方，让他有时间思考，耐心等待。[①]

重申主题

在讲话的人描述完一件事情后，花时间让对方知道我们对他的故事非常关注。用最短的表达概括性地重申他刚说的话，即便不是一个完整的句子。用刚说的内容中某一小片段来显示我们的专注。像"大门！"这样的短语也是可以的。要用他的话。"太可怕了！"稍稍模仿他说话的方式，以此来建立融洽的关系，并表示我们和他是站在同一条战线上的。

我们也可以简短重申他说的话，来判断自己是否真的完全理解了对方的意思。如果我们误解了，他就会给予回复。另外，重申也是提醒讲话的人告诉你更多信息的一种方式。"某些官方人员……"如果有更多想法，讲话的人就会从那延伸出去。这类重申不是对听到的话进行总结，只是一些可以引出对方回应的片言只语。

避免引入对方没有用过的词

原则上，限定于讲话人所用的词汇，尽量不要引入他没用过的名词术语。如果我们引入其他术语，可能会使他改变自己平常谈论此话题的方式，并采用我们的定义。我们可能遇到的最大挑战是控制自己无意中运用专业领域中的行话。

你可能也意识到，引导提问是很危险的。它会诱导讲话的人按照我们希望的方式回答问题。任何暗示我们期望的问题都是诱导性问题。通常，诱导性问题以"你是否会……"，或者"你是否曾……"这种方式开头。因为诱导性问题在日常对话和媒体中是如此常见，我们无法完全消灭。别因为它们而让自己陷入焦虑。如果听到自己说"你是否会……"或者"你是否曾……"，请马上停下来，直到能控制好自己的嘴巴为止。如果诱导性问题已经提出，尝试收回只会弄得更糟。认真听对方的回答，

---

① 希德（Lynn Shade）是在日本长大的 UX 设计师和调查员，在波蒂格尔（Steve Portigal）的《用户访谈》第 88～89 页中，描述了如何辨别三种不同的沉默：准备阶段、努力和失败。

下次表达时转回更中立的方式即可。

尽量不说“我”

使用“我”这个名词会让我们在倾听环节里过分强调自己。我们需要减少自己的存在感，让整个环节只属于讲话的人。“我想知道……”“我希望你告诉我……”如果告诉对方我们要什么，就暗示着我们控制着整个会谈。讲话的人就更不可能主动深入故事情节，他会等我们告诉他要说些什么。

讲话的人对惯常的访谈形式会比较熟悉，会觉得我们希望遵循一问一答的形式。我们可以换一种方式，使用“你”“你刚说了……”“你刚才说的……是什么意思？”

给予支持

在倾听环节，我们希望能和讲话的人建立起融洽的关系，也希望他能敞开心扉。这也需要他信任我们。证明我们不会对他的推论做出任何评价并且做到全神贯注地倾听，就能赢得他的信任。

假设我们已经把全部的精力都集中于讲话的人身上。为了建立牢固的连接，这份投入可以说已经成功了一半。而支持和真诚，能为我们达成另一半。让对方觉得舒服，觉得自己有人欣赏，自己有价值。当一个人觉得你在全心关注他时，极有可能非常乐意回应你的问题。

还记得你喜欢的前上司或者哪个杰出的教授吗？即使他的权位比你高，你也会为自己能贡献主意而感到被尊重。你觉得对他来说，自己是有价值的。其中的原因可能是他知道如何倾听。他知道，太少人能做到真正的倾听了，但那是强而有力的合作和建立团队的方法。并且，身为一名管理者，那是鼓励下属全身心理解清楚工作和目标的方法。

不要假装——做出反应，感受当下

在讲话人的世界里，放下自己，就像不存在一样。正如尤达大师所说，不是尝试投入兴趣，而是要全身心投入。真的，放下自己，为讲话的人感到激动的事情而兴奋。这个倾听的环节并不是“练习”或“工作”的一部分。它是你和另一个人在建立新的联系。倾力挖掘对方真实的一面。真诚。感受当下。[1]

图 4-3
让自己游走于讲话人的世界观中

---

① 中文版编注：“感受当下”可以理解为“正念”，感知周边的环境和感觉。参考一行禅师（Thich Nhat Hanh，越南禅宗佛教僧侣、学者、诗人、和平人士和作家）在佛教中关于正念的书《活在此时此刻》。

在倾听环节，我们是有血有肉的，不是机器人。和讲话的人沉浸在那个时刻，反馈，欢笑。使用一些舒心、肯定的语气和声音提示。“哇！”“太棒了！”“噢！”让笑容通过声音传递出来。讲话的人越是感受到我们的支持，越容易探索自己的思维过程。

但是也不要过分表达。别在倾听环节占用对方过多的说话时间。再说，我们有一定的风险会误解对方的情绪，因而做出可能冒犯对方的反应。所以，要大致保持中立。还有，不要因此而转为自我表达。“你让我感到鸡皮疙瘩都起来了。”这种表达是我们最大程度提及自己的方式。

误解对方想要表达的情绪，这是很普遍的现象，即便是有 20 多年倾听经验的人。另一方面，假装感兴趣的态度是不可原谅的。一边期望能理解对方，一边却忽略对方的故事和情感，对培养信任没有任何帮助。“当你要求对方敞开说话的时候，请为倾听做好准备。”[①]

在培养同事或直接上下属之间的信任时，我们必须要注意边界。一旦我们让对方认为自己支持和同意他，但我们并不是真的赞同，等他发现后会觉得自己被背叛了。在这种情形下，我们要表达出自己的好奇心和对他的观点的理解，而不是反馈认同一个自己并不相信的观点。如果我们的好奇心是真诚的，也证明了自己在乎他的想法，他就会告诉我们，而那也是建立信任的唯一基石。

不要突然转移话题

从讲话人的角度来看，在没有非常确定自己已经完全理解当前话题前，不要切换回他前面提到的一些细节上。绝对不要在他结束一个话题时说“好，太棒了”，然后问另一件事。“太棒了”暗示你想匆忙完结会谈，或者你想尽可能多讨论不同的话题。那句话听起来也像是你感觉无聊了，或者对他说的不以为然，根本没有给予情感上的关注。可能他说的一点也不“好”，而是让人觉得痛苦。

既然现在我们意识到“好，太棒了”这种模式，就会注意到它们无处不

---

① 详情可参见帕特林和格雷尼（Kerry Patterson, Joseph Grenny）的《关键对话》（第 2 版）第 8 章。

在。在上一个主讲人演讲结束时，出品人介绍下一个人的时候会这么说。脱口秀主持人希望在固定时间内涵盖所有准备的问题时也会这么说。

同理，不要用“让我们换个话题”或者“现在我想问你关于……”这样的方式来切换话题。类似表达的含义是整个会谈环节是我们在控场。本来不该这样，应该是讲话的人主导故事的走向。我们只是负责深入追寻细节，所以可以说“你提到……”或者“那……怎么讲？”并包含对方所提到的几个关键词。

感同身受

音乐家说他们可以感受到听众的心情而随之做出不同的演奏。留意讲话人，适应他的改变。不要让我们的心情影响到他/她。

留意讲话人对当下倾听环节的感受。体会一下，看他是否觉得我们只希望听某一类事情，比如正面的情绪或者逻辑推理。鼓励他告诉我们当时困扰他思绪的其他事情。鼓励他讲述完整的思考过程。优秀的倾听者知道“那是一次美好的经历”的背后藏着丰富的故事和反应，等待我们去挖掘。

情绪，部分包含讲话人所运用的演讲模式。如果可以的话，我们可以尝试跳入类似的模式。模仿他的风格和使用一些他的词汇，但不要做过头了。不要让他觉得你是在模仿他而感到不舒服或者被你取笑。比如，不要模仿他的语法错误（如果你的语法很标准）。只需要挑选一些词汇，使用类似的抑扬顿挫的声调和幽默感。通过模仿一些他的演讲风格来表示我们对他说的话很感兴趣，这能帮助双方建立联系。

不要制造疑惑和焦虑

避免说一些可能引起讲话人感到焦虑、疑惑或不舒服的话。在会谈中，我们不要说得太多，所以这种情况应该还是比较容易避免的。

“在采访中，人与人的交互会影响到被采访者……因此，采访充满了道德和伦理问题。”[1] 我们不只是在观察谈话背后的隐情并报道观察结果，同时还要留心会谈披露出来的事情，讲话人是否觉得舒服和接受。不要给他制造压力，他对自身理解的变化应该通过自我感知而得到，而不是我们来做出评判。

给予尊重

成就对方。要使他相信我们不会侵犯他的自我，尤其是他觉得我们和他拥有不同的想法时。我们要表现出由他来主导整个会谈，同时他的世界观也是受尊重的。我们的目标是找出他拥有当前想法的原因——清晰易懂的表达以及多年来他个人的经历与其他人的细微差异可能造成他现在这样躲避问题和隐藏思想。要善于对他人建立好奇心，保持开放的心态，不做评判或假定。在准备好把自己的理解应用到设计或战略，也就是尝试为自己的公司确定模式和做决定前，不要试图做任何分析。

谦以待人，而非高高在上

在倾听环节，我们不是“调查人员”，不要扮演任何专家角色，也没有必须要照办的任何议事日程。这甚至与我们无关。我们唯一的目标是建立信任和鼓励深层次的描述与理解。

这可能是最难以掌握的。我们很容易就表现得急于寻求解决方案。在自己明明擅长发现并深入挖掘对应的场景和想法的情况下，很难摆脱这样的思维模式。如果在倾听环节带上“调查”的思维模式，我们会错过一些标记。结果只能是事与愿违。

提示 不要当“调查人员”

> 脱下白大褂，放下笔记本。专注倾听，你只是一个普通人，有血有肉的人，正在尝试理解另一个人。倾听环节不是自己思考或做总结的时候。

---

① 参见卡维尔和布林克曼（Steinar Kvale and Svend Brinkmann）的《访谈》（*InterViews*）第4章。

让讲话人自信满满地成为自己的专家。如果我们表现得像个专家，做出一些关于大众想法的归纳总结，就会错过了解他内心故事的机会。如果我们的评论或点头示意的样子表明他是符合自己猜测的，我们的表现就有些装腔作势，导致之前建立的融洽关系毁于一旦。不要让调查人员的思维模式阻碍我们。

不要自以为是

遇见陌生人的时候，我们自然想向对方展现自己的特长或者能力。不要条件反射一般的展现自我，不要说自己的知识或经验有多渊博。竞争会破坏我们和讲话人建立的关系。

控制冲动，不要告诉对方事情要如何发展，要了解他在这方面的看法。绝不要表达出“他错了”的意思。对方永远是对的——因为我们探索的是他的思维，而不是他对我们的观点有什么看法，也不是他如何理解大众的看法。不管他怎么想，那就是他真实的想法。当然，这条原则假定他说的话是真诚的。如果强烈感觉他在编故事，干脆结束会谈算了。

提示 谎言

> 对正式的会谈，不要在社交媒体或者公共广告板上等发布广告招募参与者。这些地方到处都是靠参与调查研究来赚钱的人。这样的参与者很可能说谎并编故事来满足你的需求从而赚取报酬。更糟糕的是，你很难分辨这个人什么时候是在说谎。[①]

我们可以从另一个角度来考虑这个问题。我们不是要侵害对方的思维结构。对我们提供的服务，讲话人的一些说法不正确，但对他来说是真实的。控制冲动，不要去纠正他。让他认识到两者有别并不重要。

还有，不要暗示还有优于当前讲话人所说方案更好的方法。这只会使讲话人觉得自己的推理差人一等。

另外，不要问“你确定吗？”这个表达也暗示我们知道有更优解。听起来太像和一个小孩子对话了，像是在鼓励他修正自己从观察中得到的结

---

① 至于言之凿凿地指出对方是在编故事有多难，有一个很专业的解释，作者是斯沃普（Cordy Swope），标题为“信任危机”（A Crisis of Credibility）。

论，即便我们并没有那个意思。相反，我们要相信讲话的人。请求他告知我们首次了解相关主题时的一些细节，找到结论背后的推理过程。

即使我们是想分享一个小技巧或窍门给对方使其更方便，也不要这么做。避免提建议。整个环节属于讲话的人，不是你或者你的公司。那是他的世界，不是我们的。给他建议，是在贬低他的世界观。倾听环节要的是建立同理心，是以人为导向，而不是以解决方案为导向。

保持中立

情绪反应在所难免。就像天气，说来就来。某些时刻，我们就会对讲话的人说的一些事情做出反应。但是，如果情绪犹如狂风骤雨一般袭来，让它过吧。不要管它，要不然我们无法集中精力于讲话的人。

关注情绪反应

拥抱自己的情绪

冥想教师诺贝尔（Stephanie Noble）在她的博客文章“情绪是贵宾”中描述了一种处理情绪反应的练习方法。她如此描述：“愤怒来到门前时，与其说‘天啊，我总是那么愤怒，我到底有多可怕啊？’……如果我们说‘你好，愤怒。你今天因为什么事情到这里来的？’就那么在门前，情绪可能甚至都觉得不必进门。永远不必关紧大门将情绪拒之门外。否认和拒绝情绪只会导致它从其他地方闯入。”

* 冥想教师和早课管理者，有十年经验。文章网址为：http://www.openembracemeditations.com/pdfs/emotionsashoonredguests.pdf。

通过练习，可以提升情绪感知能力。如果自我感知能力强，就能认识到自己的情绪、是什么情绪以及为什么会发生。感知自己的情绪，让自己获得更高的情商，体会到别人的反应可以和自己的不同。它能让我们和他人建立同理心时拥有更开放的思维。认知我们的反应和假定，在自己受到影响之前，让思维有足够的空间思考外在更多的可能性。在谴责某种想法或反应时，我们有能力发现自己这种倾向并给予制止，而后好好花时间认真研究。

提示　我们无法防范情绪的产生

我们无法感知情绪反应，直到它确切发生。不要因为自己真的感觉到那样的情绪而难为情。我们无法防范情绪的产生，但能感知，然后忽略。

有一些人说，学习冥想，就是花时间了解大脑规避自己意图的过程和习惯。这可以帮助他们在行动前认识到自己的反应。另一些人却通过其他方法来觉察自己的情绪。在真正找到适合自己的方法前，或许需要尝试不同的方法来练习冥想。

这些情绪感知的建议并不新鲜。世界上很多宗教，包括一些虚构的，都希望教大家认识并留意自己的情绪反应。情感是人的组成部分，并且因为很多人都直接基于情绪来说话或行动，各种让人兴奋的事情都会发生。有时候，还可能是破坏性或灾难性的。不难理解，一些精神领袖鼓励情感素养，让人们避开情绪，并用情感和认知的同理心能力来考虑其他选择，如表 4.1 所示。

精神名言	来源
“别屈从于憎恨。它会导致黑暗。”	绝地武士 （《星球大战》五部曲：帝国大反击）
“不接受就不会感觉冒犯。”	瓦肯人 （苏拉克《星际迷航》）
“恐惧让人丧失理智。”	比・吉斯特姐妹会（沙丘）
“当愤怒产生时，考虑一下后果。”	儒家
“当一个人变得愤怒时，让他冷静。”	穆斯林
“有意义的平静总比无意义的言语要好。”	印度教教徒
“愤怒剥夺了智者的智慧。”	犹太人
“把另一边脸也转过去。”	基督徒
“保持愤怒就像紧握滚烫的煤球，虽然你的目的是扔向他人，但受伤的总是你自己。”	佛教徒

驱散情绪反应和判断

如果保持情感中立，就能更好地理解他人的想法和反应。在倾听环节，如果产生了情绪反应，我们并不希望因此而违背讲话人的事实情况，因为我们不愿意因此而让他产生情绪反应，或让我们的反应影响到他正在讲的事情。

不要让我们的负面情绪反应控制思考或言语。反过来，要引导优越感、厌恶、震惊或愤怒离开大脑。把它深埋到地底下，就像避雷针 “引葬”闪电那样（图 4.4）。

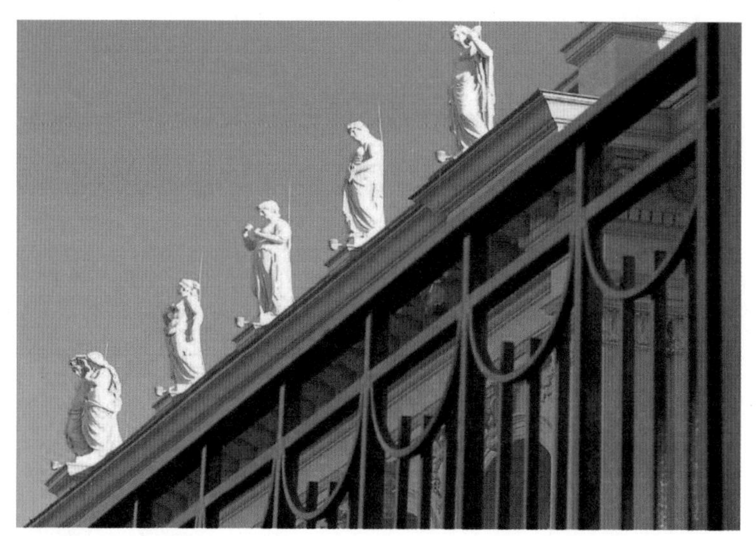

图 4-4

如果不能够像避雷针那样把闪电引入地心，愤怒就会让你头大

如果感觉引导情绪有困难，尝试一下换位思考。到底是什么让他们那么说或那么想？当讲话人的推理闯入我们的非舒适区时，我们很难驱散由此而生的情绪反应。想像一个在他合理的场景。[①] 你可能会为自己的思

---

① 参见 Edmiston, Susan, and Leonard Scheff. New York: Workman Publishing, 2010. *The Cow in the Parking Lot, A Zen Approach to Overcoming Anger*, 原文为 “Imagine you are circling a crowded parking lot when, just as you spot a space, another driver races ahead and takes it. Easy to feel the rage. But now imagine that instead of another driver, a cow has lumbered into that parking space and settled down”。

维能突然摆脱所有的情绪反应而感到惊讶。练习这种技巧，直到它成为你本能的条件反射。[1]

要避免的错误

在倾听环节，我们很容易被一些错误的例子牵着鼻子走。我们听到过电台和电视节目的不少“采访”。所以，很难不受这些例子的影响。可以借助于下面这些指引。

- 记者并不是好榜样。
    - 不要展示你的观点。
    - 观点不是同理心（它们也不是新闻）。
    - 在建立同理心时，不是在追寻事情发生的“真相”。
- 专业的调查人员并不是好榜样。
    - 分析导致头脑风暴，让你从对方身上分神。
    - 不要过于深入思考。
    - 避免笼统的统计概括。
    - 不要和讲话的人谈论其他人。
    - 平息顿悟的兴奋。

善用情感同理心

我们真的无法应用情感同理心。情感同理心是我们与某一个人在某一特定时刻产生的情感回响。不过，我们可以留意情感上反映他人的时刻，利用建立的关系来倾听对方，从而获得更深入的理解。

情感同理心一般都是突然发生的。对方在某一刻产生的情绪反应或者告诉你之前他经历过的反应，然后你也突然感受到了。在这个时候，你的

---

① 可以观看视频 *This Is Water,* Glossary 于 2013 年 5 月制作，网址为 http://www.adweek.com/adfreak/story-behind-water-inspiring-video-people-cant-stop-watching-149324。

觉知能力会帮助到你。自己首先从情绪中解脱出来，理解对方的想法。首先，迅速认识到自己正在经历情绪反应，辨识来源，然后从理智上跳出当前的情绪，即便是正面情绪，也要这么做。

然后回到好奇心，去了解对方行为背后的动机。如果受自己的情绪所影响，是很难保持好奇心的。

要让对方知道你在分享他们的情绪吗？或许还是不要。可以说诸如“哇，我明白”的话。但更重要的目标是置身于情绪之外。只有摆脱情绪的控制，才能专注于对方的思维并深入挖掘。

提示 **不要假定有情感同理心就表示理解对方**

> 我们很容易假定，既然已经能察觉对方的反应，那就已经分享同样的原则、决策过程和思维方式。假如掉入这个陷阱，我们就会中止对他人根本推理过程的好奇心，失去开发丰富的认知同理心的机会。

要培养同理心，并不是必须要识别出所有情绪。我们或许会感到情感上的共情，但那不是必须的。当情感同理心发生时，离开并回到自己专注的思维，并趁此机会形成对他人的理解，不带有任何假设。

练习同理心

把自己和讲话人谈及的话题绑在一起。这并不难，但我们的日常或者专业习惯可能会带来一些挑战。要通过一些练习才能做到。练习意味着把它结合到日常生活并时不时应用在其他人身上。可能需要几个月的练习，才能把这些指引变成自己下意识的行为。

练习的同时能让人越发自信。它会帮你认识到人们都很乐意倾诉自己是怎么想问题的。如果每次练习都能在短暂的倾听环节里发现机会，则表示接近他人和提出问题并不是以前看起来那么吓人。

吊诡的地方在于倾听时，我们不能老想着这些指引。要保持空杯和开放的心态来对待他人的思想，而不是遵守一大堆行动准则。所以，在这些规则没有变成我们自己习得的天性前，忘掉它们。保持精力：专注于对方（而不是规则）更重要。目前来说，像普通交谈一样开始就可以了。如果强行让自己放空思想，最终还是会很容易进入建立同理心的思维模式。逐渐感知同理心能力，它能突然而强烈地渗入你的思维。

就好像练习体育运动、音乐、器械或者冥想一样，我们也可以习得同理心。日积月累，慢慢将它变成我们的条件反射行为。我们可能训练自己重塑自己的思维，因为每天都会重复一些相同的场景。建立同理心不是一蹴而就的。

练习 1：在哪里练习倾听？

回顾上周。你去了哪里？谁在你的身边？今后有什么机会可以用来作为即兴的、非正式的倾听环节？通过列出这些地点，可以发现与他人互动的机会。

- 列出一些你上周去过（或通常会去）的周围还有其他人的地方。任何地方都可以，只要周围有一些不是经常交谈和互动的其他人，如工作场所、会议、研讨会、杂货店、健身房、公交、火车、午餐排队点、餐馆、咖啡排队点，甚至是家里或者朋友家等。
- 从中圈出不常认为是可以和陌生人或不太熟悉的人交谈的地方，比如在电梯、地铁或者医生的候诊室。

练习 2：辨识反应或假定

另一个每天都需要的练习是留意自己在什么时候有情绪反应，什么时候做出假设，什么时候做出评价，或者什么时候给他人打标签分类。在这个练习中，不需要与人产生实际的对话。但需要在一个真实的、活生生的人群中。（实际上，电视和电影也可能拿来练习。）

这个练习是当你开车经过人群或在健身房和公交站，甚至任何地方碰到人时，识别自己什么时候对他人的行为或演讲有情绪反应。每次意识到自己的反应就给自己一个小红花。同样，当你意识到自己给他人的一些行为或思想做出假设时，也给自己一个小红花。同理，在你发现自己对他人做出评价和打标签时，也这么做。每朵小红花代表着你刻意练习的次数。练习的目标是觉察这种意识，而不是停下来不做了。

这和每天走 1 万步是一个道理，通过这个练习尝试每天给自己攒两三朵小红花。

练习 3：分类

你可能还记得有那么一两条新闻的呈现方式曾经使自己动摇了对“事实”的判断。下次遇到这样的新闻故事时，尝试辨别是什么呈现方式让你产生了不信任的感觉。是记者只关注于评论观点？还是他的观点会扭曲故事的基调？

另外，尝试发现一份报告是否包含了统计性概述。比如，如果读到类似这样的内容“千禧一代对社交媒体成瘾，甚至深夜也放不下手机。”请在大脑里重新使用中立的态度来表达。关注于本质的行为。“对社交媒体成瘾的人，深夜都在刷屏。”

小　　结

要建立同理心，就不能只停留于别人的表面观点。我们需要更专注，放下自己的回应，让讲话的人感到自信和被理解。也需要我们放下急于展示自我价值的冲动。吸收对方说的一切，跟上他的思维，保持中立。

倾听能为工作以外的其他方面提供不少帮助，让我们能够感知到自己的思维和情绪反应。

倾听哪些内容

- **推理：**想法，决策依据，动力，思维过程，解释
- **反应：**反应——多数是情绪上的，有些是行为上的
- **指导原则：**指导决策的背后的信念

设身处地

- 从宽泛的主题开始
- 让讲话的人选择方向
- 深入最后的一些言论
- 尽可能使用最简洁的词语表达
- 重申主题表示关注，澄清并进一步询问细节
- 避免引入讲话人没用过的词语
- 尽量不说“我”

提供支持

- 不要假装——做出反应，感受当下
- 不要鲁莽地切换话题
- 代入情绪
- 不要造成担忧或困惑

给予尊重

- 谦以待人，不要高高在上
- 克制自以为是的冲动
- 避免暗示或指出讲话的人的观点是错误的

情绪反应保持中立

- 学习感知情绪反应
- 减少评价反馈

第 5 章

理解话外音

深入倾听能让我们理解一个人的推理和反应，建立同理心。倾听练习做得越多，越能从中获取更多的信息。但是，想通过倾听完全理解对方是不可能的。要想进一步深入理解以认识到如何在倾听环节中做得更好，就需要运用另一项强大的技巧，即研究话外音。

“研究”意味着要花时间了解别人的思考，不限于通常只需花些精力的回顾，还有沉思。我们可以用自己喜欢的任何方式潜心研究。时间的沉淀是理解和察觉细微差异的最佳方式。只要有时间，我们就可以尝试不同的解读方式。生活的方方面面都能说明，花时间吸收经验和想法总能带来回报，获得更深刻的感悟。

但对公司而言，时间是很宝贵的，我们也要认真权衡。之所以值得花时间，是因为如果不仔细研究，我们注定会误解或错过对方的一些观点。即便第一次听的时候似乎已经弄明白了，即便有多年的经验，我也敢保证误解无法避免。谁希望到头来获得的是错误的认识呢？所以，最少花 10 分钟审视每个人说的话，这是必须的。

留意这个阶段也可以建立同理心。建立同理心包含倾听和辨识对话中流动的思想，但还要有意避免任何“脑补”。我们无法在自己思维活跃的阶段吸收另一个的思想。所以，把分析稍稍推迟。允许自己花些时间，先倾听，弄明白了再说。等到建立同理心的两个阶段都做完，再加入自己的分析思维（图 5.1）。

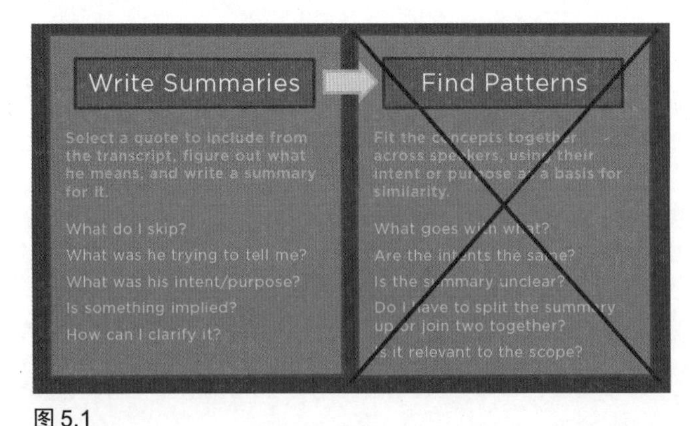

图 5.1

总结是其中一种研究话外音的方式。在总结阶段，集中精力一次只针对一个人所说的话。不要做任何解读、推断或比较

挑出每个参与者描述的概念

研究话外音有很多方式，简单选用适合自己和对话场景的即可。

通过和其他同事讨论，在自己的脑海中回顾，或者写下要点来研究一段谈话内容都是可以的。如果想进一步深入理解，也可以花上一个小时回放录音。或者拿上文字稿重新读一下。

或者更进一步，从文字稿中收集每一个有助于建立同理心的概念：论据、反应和指导原则。划出杂乱无章的对话，挑出某些语句，把它们和其他一些对话放在一起，看是否能够完整表达对方的真实想法。我们需要一遍又一遍地看和思考文字稿。花的时间和次数越多，即便只是普通回顾，也能更透彻地理解对方的想法、反应和原则，建立更深厚的同理心。这是让我们充分理解对方的魔法。

如果选择这种做法，无论采取什么方式来收集原话都是可以的。有些人喜欢在打印出来的文字稿中圈出，然后用线连接起来。有些人会标记上不同的颜色，看同色的话语之间有何联系（图 5.2）。还有些人把语句摘抄出来，复制到不同的行，然后再把表达一个概念的相似语句合并在一起（图 5.3）。有些人甚至把语句抄到便签上，然后贴到空白处。相关语句出现得越来越多，标签就越贴越多。不管是什么办法，最重要的是找到适合自己的，不然可能体会不到这样做的好处。

(Speaker:) Two days off work ... yay! So, I get to wind down and have a bit of a relax before the weekend starts. It's a bit of a ritual.

(Listener:) Why is relaxation important to you?

(Speaker:) I've got a really busy job. I work long hours, so if I didn't wind down, I'd just burn out. So, it's nice to be in surroundings where you are comfortable and can just relax off and *not* think about work for a couple days.

(Listener:) Why ... specifically pertaining to performances, why is this particular pub of interest?

(Speaker:) I think the music—it's known as a music pub, so it's any kind of music ... so anything goes. You could get Trash Metal one week and Rock the next and Blues or Jazz the following week, so you never quite know what you are going to get. And you can get bands from ... locally or all around the U.K., that kind of come along and do their thing. The jam session—you never know what you are going to get, because it depends on whoever decides to pitch up on that day and play. So, you get the unexpected; you get to hear some really interesting stuff.

(Listener:) The unexpected..?

(Speaker:) *Yeah*, it's nice in a way. It's nice not to know what you are going to get or what you are going to hear. You can never tell from the band name what you are going to get, so that's always quite nice.

(Listener:) Why is that important to you in a performance?

(Speaker:) If you know what's coming then it leads with a sense of excitement. If you are not quite sure what you are going to see or you are going to hear, then it's a bit

图 5.2

这是其中一种收集原话的方式。相近的概念用不同的颜色标记在文字稿上面。不过，这样用颜色区分的方式并不适合所有人

ID	Quote
143	a jam session that's held once a month for all the local musicians, who just pitch up, take turns in doing their stuff. ... they'll take it in turns, so there's no formal band. You just pitch up with your instrument and play or sing or whatever. ... kind of come along and do their thing. The jam session—you never know what you are going to get, because it depends on whoever decides to pitch up on that day and play. ... Each performance is different, and you are never going to get exactly the same performance from the people. ... the enthusiasm of the people who are doing it. They are really passionate about what they do, and they really enjoy what they do. And, I really like seeing that.
143	Usually it's a really good atmosphere and good beer and good company ... it's my local pub, and it's a really nice atmosphere. It's not a chain pub or anything like that. So, it's quite a small, really friendly pub. It's a place I can go on my own without feeling awkward. I don't feel uncomfortable there ... I've been going there for years. ... it's nice to be in surroundings where you are comfortable and can just relax
143	I can have a coffee if I want to, or I can sit and have a drink. ... It's become a bit of a relaxation thing. I meet my husband off the train. It's right near my train station ... meet up with people that I know. ... I get to wind down and have a bit of a relax ... just relax off ... happy and relaxed, that's got to be a good thing
143	I meet my husband on Friday night, and we have a drink, and it marks the start of a weekend for us ... It marks the end of a working week and the start of the weekend. ... Two days off work ... yay! ... the weekend starts. It's a bit of a ritual.
143	I work long hours, so if I didn't wind down, I'd just burn out. ... not think about work ... tense and upset and stressed out
143	really good music. ... good music. ... the music—it's known as a music pub ... get bands from ... locally or all around the U.K. ... you get to hear some really interesting stuff.
143	it's all acoustics. You never know quite what you are going to get. It could be Rock or it can be Blues or Jazz ... any kind of music ... so anything goes. You could get Trash Metal one week and Rock the next and Blues or Jazz the following week, so you never quite know what you are going to get. ... you get the unexpected ... It's nice not to know ... what you are going to hear. You can never tell from the band name what you are going to get, so that's always quite nice. ... If you are not quite sure what you are going to see or you are going to hear, then it's a bit of an adventure. ... It's always going to be different, so you always get something new which is nice ... not knowing what you are going to get means you've got something to look forward to, so immediately you are interested and excited about what's coming up.
143	if you've had a really rubbish week... you get an atmosphere. Particularly with the pub—it's full of really interested, enthusiastic people, so you pick up on that vibe and the emotions that everybody else has. So, you get excited and interested, so

图 5.3

另一种收集引用语句的方式。文字稿中相近的概念合并到一起，并且使用一个唯一标识符来标记，讲话人匿名。颜色区分在这里不是必须的

提示 给摘抄出来的内容打上标记

> 如果摘抄了一些原话并记录在文档或表格上，最好同时标记上是谁说的。不明白一些原话的上下文，还可以回到原稿件中核查。为了确保隐私和防止先入为主的统计偏见影响到自己，可以尝试用唯一数字编号代替讲话人的姓名。

有时要等倾听环节过去好几天才有时间做回顾。这其实也不是一个问题，一年后再回顾都可以，前提是倾听环节开展得好，文字稿清晰，并包含讲话人（或写的人）的情感语气符号（比如，讽刺）或标识。

搞清楚每一个概念

处理文字稿的时候，其实是要拿掉所有多余的文字。这个操作能帮助我们发现讲话人所持观点背后不同层面的思想核心。这和诗人作家克里昂（Austin Kleon）的做法有点像。他拿到一个新闻故事后，会保留所有觉得必不可少的字，划去其他部分，然后基于保留的部分作诗。我们其实也在做类似的事情。讲话人尝试解释自己的思路，我们不断剔除所有不必要的字眼（图 5.4），直到真正挖出他想要表达的每个概念。

每个概念到底需要区分到多么细的粒度呢？每个概念都能表达一个独立的指导原则，一个反应或思考过程中的一个独立部分就可以。不管这个概念是一条独立的语句，还是由文字稿中多个部分串联而成，只要它表达的是唯一的观点，就要区分出来。讲话人可能有一个想法，只不过散布在文字稿的好几个段落中。但这也只是一个想法而已。故事在发展，思绪也在游走。讲话人在充分表达的同时，可能会突然想起什么相关的事情，然后就转移话题了。他甚至可能中途改变自己的想法。收集所有这些零散的思维碎片，挑出一两段有代表性的语句，忽略其他重复的部分，这样做就可以了。

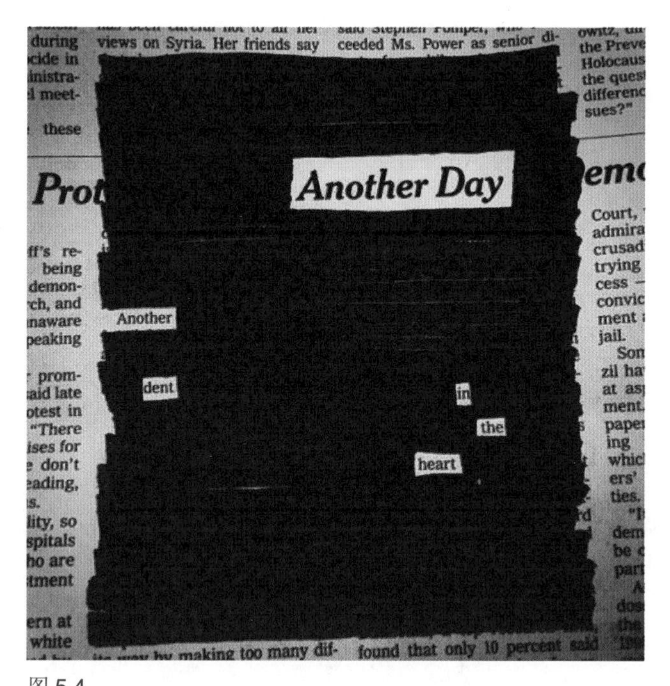

图 5.4

其中一份 2013 年 9 月 2 日展示在博客 austinkleon.com 上，涂黑处理后作诗的新闻故事（经授权重印）

以上这个例子可以作为自我衡量的参考。在听人讲故事的时候，我们会情不自禁地在没有提及的地方脑补很多细节。这些一般来源于我们自己的文化背景和个人经历，但多半都不对。在倾听环节中，我们很难注意到这些脑补的细节。看似明显的地方往往是问题的根源。某人说：“我要组织团队周会。”然后我们自认为知道会议内容。我们把自身关于周会的经历代入对方的意思里面。尝试找出这些文字稿中的“脑补信息”，然后在下一个倾听环节里，督促自己去问讲话人“为什么要开会？”

需要忽略哪些内容

不是文字稿中的每个字都值得用。有些东西只是设定场景或者用于解释清楚其他事情，都可以忽略不计。甚至，讲话人所概括或引用观点的一整段对话都可以省去，我们只需要深入有助于建立同理心的核心部分。某些原话看起来相当有意义，有吸引力，但等挑出来后却发现并不那么相关。

与其绞尽脑汁想如何抽象出一些概念来表达它们的重要性，还不如将其忽略。下面列出对建立同理心没有直接帮助但需要跟进其背后隐含的事项。

- 事件、过程或场景的解释
- 事实的陈述
- 观点
- 偏好
- 概论与普遍原则
- 被动的行为
- 推测
- 超出范围的概念

事件、过程或场景的解释

尽管不是100%，但最开始的描述普遍都是发生了什么，谁在什么地方，事情如何发展。这些描述必不可少，否则根本无法理解到底发生了什么事情。但是，对场景或过程的解释无益于建立同理心，我们可以跳过这部分。当然，为了几个月后自己依然能理解某些概念，有时候需要在收集的原话中加入一些背景信息，但它们也只是提供上下文而已。

事实的陈述

讲话人希望我们了解事情的某些真相。比如，他可能会提到自己拥有什么，通勤方式，认识什么人，事情在哪里发生，或者他什么时候开始在某个地方工作。我们可以注意到，其实前面的例子都包含学校写作课上要求的文章五元素：人物（who）、事件（what）、时间（when）、地点（where）以及方法（how）。这些要素都是行为的背景。背景本身并不能帮助建立同理心。和解释说明一样，它们也只是帮助讲话人为后续的推理、决策和行动设定作铺垫。

所以，在研究文字稿的时候，可以跳过背景，直接深入背后的原因（why）。这就是和时间人物事件搭配的第六要素。

观点

观点是一个人内在推理和指导原则（图 5.5）的“表象”[①]。观点是基于指导原则对某件事情或处境的看法。本质上来看，观点与其上下文密切相关。相比而言，指导原则并不总是绑定在某一特定场景上。比如，一个人可能认为，在干旱的地区不应当允许任何人拥有草坪，因为它们需要大量的灌溉。如果问他是如何建立这个观点的，我们可能会听到维持草坪生长的用水量情况等，但是，我们最终会察觉到这个指导原则：“自然资源不是无限的，不应该浪费。”这个指导原则会被应用到很多场景：水、煤和石油。

观点经常伪装成情绪反应或者指导原则。一个人或许会用“我感觉”或“我觉得”这样的词语来表达。因为使用“感觉”这样的词汇来表达，有一定欺骗性，让我们认为表达的是情感，但其实带出来的是观点。同理，短语“我相信”会使我们误以为表达的是信念，但通常只是声明一个观点。不同的语言都有类似具有误导性的习语，我们要注意。

顺便说一句，在一些民族文化中，人们会比较内向，不太愿意发表意见。我们发现，在这种环境下，具备同理心的倾听极其有帮助，因为我们绝不要求对方发表意见。从这种文化孕育出来的人，对没有倾向性或绝不要求发表观点的谈话会感觉非常舒服（图 5.5）。

我们总会发现，文字稿中的某些地方，既看不出讲话人有什么观点，也无法深入挖掘他为什么会有如此想法。一下子全部抓住是不可能的。有些观点在当时看来或许也并不重要。只是，千万不要猜测观点背后的原则。也许可以回过来问讲话人，他的推理过程是什么。但如果不可行，我们宁可忽略掉那部分内容。

---

① 参见马克·吐温的自传，他这样说起自己写自传的时候：“每天，一整天，大脑这个磨坊就一直在工作，而他的思考……成为他的历史。他的行动和言语，也仅仅是他在这个世上浅薄的一层表象。”

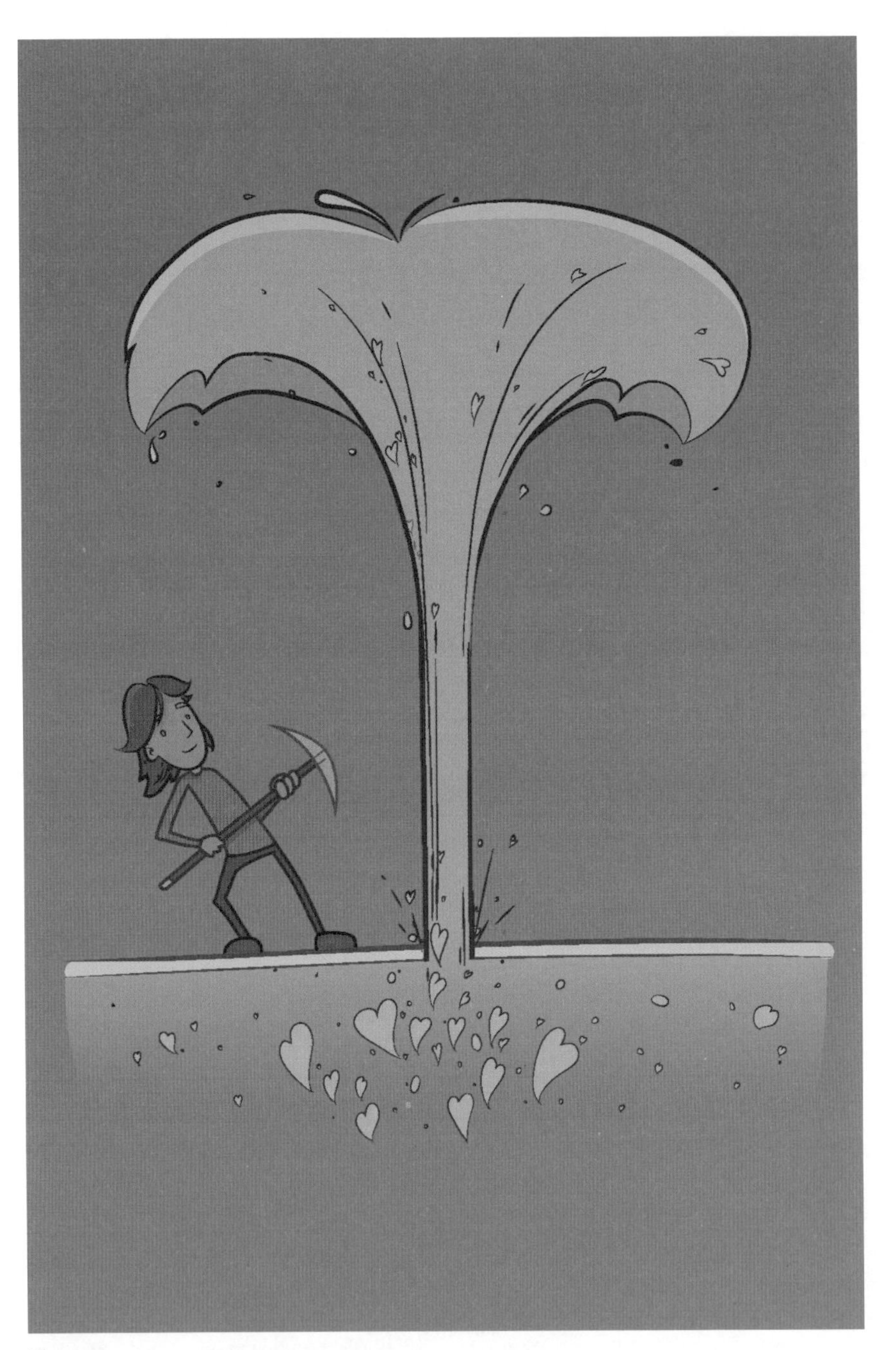

图 5.5
观点是基于一个人内在推理和指导原则之上的“表象”

与客户建立同理心的时候，我们或许会受到质疑：“为何忽略掉了对方的一些观点？”如果发生这种情况，可以解释，不同人群的观点具备随机性和微妙的差异，以至于通常无法找出共通的模式。

提示 观点毫无价值

> Bolt|Peters 远程研究公司被脸书收购后，创始人波尔特（Nate Bolt，《远程用户研究》作者）接任了设计部门的主管。他是“当下”（in the moment）评估研究的开创者，目前正在运作自己的公司 Ethnio。在接受《快公司》的采访时，他说：“我们尝试忽略一些观点……即便在一些可量化的环节。因为观点本质上来说是完全没有价值的。它们不可重现。需要大量样本才能从观点中找到趋势。但认知行为只需要非常小的样本就能重现。所以，我们可以放心地从比较小的量化样本中抽取出行为的趋势。”[①]

偏好

与观点类似，偏好同样是深层推理和指导原则的表现方式。如果某人提及一种偏好，我们要继续从文字稿中找到产生这一偏好的原因。或许要在好几个段落后才会出现。理解偏好背后的原因之后，我们才能和对方建立同理心。

经常有一些带有欺骗性的词语和偏好一起使用，让人拿不准是否应该忽略。词语“厌恶”“爱”和“喜欢”可能表达的是情绪反应，而不是一种偏好，需要继续留意上下文。也许某人会说：“我讨厌出差。”然后紧接着我们从后面几句话中发现他坐飞机的时候会感到焦虑，有轻微的恐慌。如果是这样，我们就可以跳过他对差旅的偏好，集中于坐飞机的恐惧心理，并且尝试取消特定差旅的原因。

而且，“厌恶”这个词通常都伴随着对某种事物的抱怨。“当……的时候，我真的感觉非常厌恶”无论是自己公司提供的服务，还是其他东西，

---

① 《快公司》实验室（fastcolabs.com）的卡萨诺（Jay Cassano）在 2013 年 4 月 8 日发表了的，标题为“脸书移动用户体验测试团队的秘密”（Secrets from Facebook’s Mobile UX Testing Team）。

继续找到对方在那种情况下采取的行动。

概论和普遍原则

很不幸的是，大多数人习惯于笼统的表达方式。与其描述某个特定时期或场景，还不如把所有相近的时刻都描述成大致的情况。在倾听环节中，即便我们提出明确的要求并提供样例，或许还是很难成功说服讲话的人讲述某个特定时期特定场景下的故事。有些人总是习惯于用一种含糊和概括性的归纳方式来表达。

对于这种人，我们或许只能早点结束整个会谈环节。尝试从文字稿中发现一些推理、情绪或者指导原则。或许有那么一些地方可以发现他的思维过程。但是，通常来说，从概括性论述的文字稿中只能收集到一些原话。

被动行为

被动行为是某些发生在某人身上的事情，不是他自己选择做的事情。这些事情可以忽略，因为讲话的人并没有做任何的思考或反应。继续研读文字稿，直到遇到他对此事件做出的反应。“我看了山姆最后一刻做出改变的邮件”这段话似乎描述了一个行为“看”。但那仅仅是简单置入讲话人头脑的信息。那是被动的行为。我们只对讲话人真正的反应感兴趣：“所以，我风风火火地赶到山姆的办公室，要求他给出一个解释。我们团队花了整整一个星期来讨论他漫不经心提出的改变，而他却很不礼貌地对待整个团队，我实在是要出离愤怒了。”后面这段描述反映了讲话人更深层的情绪反应和行为动机。

推测

当要求某人对未来的决策或行为做出评估时，我们寻求的是一种猜测。那是一种对讲话人会如何反应、如何行动以及动机的猜测。因为事情并没有发生，所以对同理心的建立没有帮助。即便推测的背后可能包含论据、反应和指导原则，但那也仅仅是猜测。我们应该忽略。

人们或许经常陷入对未来行为的谈论，那是因为他们注意到记者、市场调查和可行性研究人员经常提这些问题。这里需要再次提醒，我们要在倾听环节中识别出猜测，并且引导讲话的人回到他实际经历过的事情。通常，表示猜测的关键词是“应该会”，所以，从文字稿中把它们识别出来并不难。

超出范围的概念

研究文字稿的好处是，可以了解到故事的细枝末节是如何关联起来的，并且和其他人说的交叉比较。当然，最好能从中决定哪些部分言论是否相关。如果另一些关于其他人的文字稿中也谈到类似的事情，那么这部分言论事实上并没有超出范围。如果某个程度上它们还和之前所说的情绪反应相关，说明同样也是在范围内。

“范围”到底指的是什么呢？它是我们要探索的领域。对于一个公司里的直接下属，范围也许就是他在帮你做的项目或者他在改善的一项技能。对于一个使用企业套装软件的客户来说，范围也许就是他正如何决定购买和维护哪个软件，或者如何在这个跨国组织中维系与每个员工的关系。所以，如果在文字稿中详述的部分时他惊讶地发现，送孩子到另一个镇上的日托中心时遇见同事，这就是超出范围的。但由于一个同事的评论而导致他做出调查一些工作信息的决定，不管发生在日托中心还是别的什么地方，都算在范围内。

目标是变得更好

研究文字稿能让我们更善于从中获取信息，更善于倾听。我们能在别人说话的同时，更容易识别出建立同理心的三个要素：论据、反应和指导原则。我们还能看到需要进一步询问更多细节的地方，而不是停留在表面的事实或观点。回顾可以帮助我们学习如何倾听。这个附加的训练可以让我们在几周或者几个月内得到改善，而不是好几年。

总结每个概念

到这里，我们已经收集了一些可以表达讲话人不同想法的原话。然后就可以再往前走一步了：为每个独立的概念写一段总结。这个练习不是必须的，但是它非常强大。写作需要大脑中负责创造意义和感知的部分参与。它可以帮我们获得更深层的理解。

写总结有以下三个目的。

- 获得一套代表自己知识储备的写作套件，并可以应用于自己的作品。
- 帮助澄清模棱两可的口头表达。一段拐弯抹角的概念解释或许需要我们花上好几秒钟时间。如果我们的总结能比原话更清晰明了，即便一个月后再回看，也能马上理解它的意思。
- 系统化总结不同人的表达有助于日后进行比较。只要方法得当，遵循固定的格式，就可以让我们更快发现共通的模式。

记录下来的总结有好几种用途。我们可以在下次和同一个人会谈前，回顾这些总结，提醒自己以前谈到的概念，然后在倾听环节结束后判断和对比是否有变化；可以跟踪管理下属的技能和发展变化；也可以观察领导在一段时间内关注点的变化。

在创作过程中，我们可以在演讲稿添加过目不忘的总结标语，然后在公司内传播。也可以拿它作为创新环节的灵感或证明。我们也可以把总结组合成列表形式，分组或者折叠起来。总结也可以呈现于地图、图表或者场景中。不同分组的总结可以相互比较，并用于决策讨论会。总结是“常青”的，是超越时空的。因为总结并不依赖于工具或流程，所以可以年复一年地运用于需要建立同理心的人身上。

如果条件允许，可以和团队一起写总结。整个团队一起总结可以让大家形成一致的理解，并使之成为今后设计讨论的优势之一。当然可以做个人总结，因为团队参与在此时并不是至关重要的。但是，在一个庞大的组织中打造群体认识的收益，要胜过额外让好多人花更多时间做同样的事情。

提示 哪些要总结和什么时候做？

> 如果愿意，可以在收集原话的同时写总结，而不是等到收集完所有的原话。或者怎么舒服怎么来。又或者，选一些对自己公司特别重要的，单单做这些方面的总结。任何可执行的方式都可以。

从动词开始

写总结的第一步是找个动词来表达对方思考、决策或感受的意图。写下出现在脑海里的第一个动词。然后，想一下有没有另一个更好、更清晰的动词。再想想有没有第三第四个。能想到的动词越多，就越有可能找到最清晰、最具表达力的那个动词。如果能想到的最好的动词恰恰是讲话的人用过的，那就选择这个，因为它可以帮助我们记住他是如何使用那个动词的。

作为辅助，我们还可以同时记录下总结的类型是什么：思考和推理；反应还是指导原则。

如果觉得很难找到一个动词，可能表明你思考的并不是这个概念的关键部分。尝试寻找概念解释的关键之处。可以把原句中的词打乱；剖析使用的语言；读出句子字面外的场景、语调和含义。我们要找的不只是字面意思，而是词语之间的关联和激发的意象。可以是文化背景，流行的引用，也可以是无法直说的社会规范。这是讽刺，被激怒，愤世嫉俗，自我贬低。这就是笑声在不同背景下的含义：欢乐的，痛苦的，讽刺的，自我否定的，被外界针对的等。要解开原话的谜团，我们或许只有完全忽略文字本身，才能理解对方尝试表达的意思。

另一个难以找到一个动词的原因可能是摘录的原句不完整。可能和对方后面说的另一些句子同属一个概念，而它们才包含可清晰说明的动词。所以，也许只需要把总结先缓一缓，之后可以找到其余线索来解开谜团。

为什么是动词？

为什么是从动词开始？首先，我们希望能有一种容易的方式来比较当前的和其他的总结，或者与另一位讲话人的总结。

其次，动词比名词更接近于行为本身。我们能想象出一个动词的感觉。名词代表事物、分类或者角度。名词会引起一些下意识的假设。比如，当听见“我需要放松的时间”时，会产生什么假设呢？因此，动词是帮助总结和建立同理心更好的选择。

不幸的是，我们会受制于一些根深蒂固的做法。调查研究和报告通常都只关注名词。我们或许要抵抗公司里把事情分成预先定义好的，按名词来打标签的分类方式。使用动词或许能帮助重新构思，帮助我们和同事更容易看到新的角度。

另一个要对抗的习惯是把名词转变为动名词。动名词就是在词尾后面加“ing”的动词：困惑（wondering）、叫喊（yelling）和感觉（feeling）。添加“ing”把动词变成名词，变成一个被封装并可以保持距离的名词，而不是作为一个行为。

第一人称，正在进行时

用动词做总结的时候，想象一下人称代词“我”。因为人们在用英语来讲故事并谈及自己的时候，通常使用第三人称。所以，即便文字稿可能包含第三人称动词，也可以把它转为第一人称。如果用第三人称，句子里的施动者就变成其他人而不是你自己了。与他人建立同理心的目的就是要能感同身受。如果总是使用第三人称来表达他的推理或想法，我们永远无法感同身受。比如，“因为当事情发生时，教练并没有留意到，所以他朝着教练大喊大叫。”说的是其他人在叫喊，而不是我们。这很容易产生误解或者显得过于武断。如果用第一人称和正在进行时态，突然就能体会到他的想法。“因为有事情发生时，教练并没有留意到，所以我朝着他大喊大叫。”这里有一个很奇妙的区别。

另外，我们可能要在两个月或两年后重读自己写的总结。为了一致的体验，我们要表达出当前的感受，表达出当下流经某人大脑的东西。

感受“当下”，经历其他人的故事，是获得同理心的一种手段。

把情绪反应转换为动词

用动词“感觉”来表达情绪反应，然后紧跟一个词语来表达当前的情绪。“感觉”+ 情绪。除了一些拥有自己专属动词形式的情绪外，还可以把这个等式用在大多数情绪上，至少在英语里如此（图 5.6）。如果卡住了，找不到一个完美的词来描述某个情绪，尝试用同义词词典，或者从 Center for Nonviolent Communication 网站①的情绪列表找。

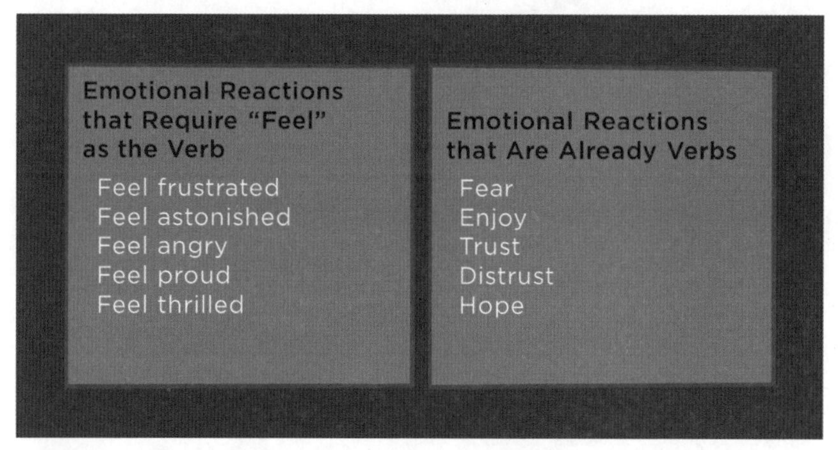

图 5.6

通常用“觉得”这个动词来表达情绪反应。英语里一些可以直接用作动词的例外

要留意“觉得（feeling）”这个英语单词。如果问讲话的人他有什么感觉，我们可能得到的回复并不是情绪，而是身体状态。因为“觉得”这个词在文字稿中并不能自动表示为情绪（图 5.7）。

如前面提到，“觉得”这个词会不知不觉用在讲话人提出意见或推测的时候。在英语中，人们会说，“我觉得那……”或者“我觉得像……”来表达一个观点或者一个需求。其中有一种识别它们的方式，是留意“感觉”这个词后面的是否为情绪。“那”和“像”并不是情绪。所以，当我们看见“感觉”这个词在文字稿中时，不要假定那是在描述情绪。继续阅读，或许可以发现一些有价值的深度探索②。

---

① 情绪列表在 http://www.cnvc.org/training/feelings-inventory。

② 这里的某些问题在其他语言中可能并不存在。

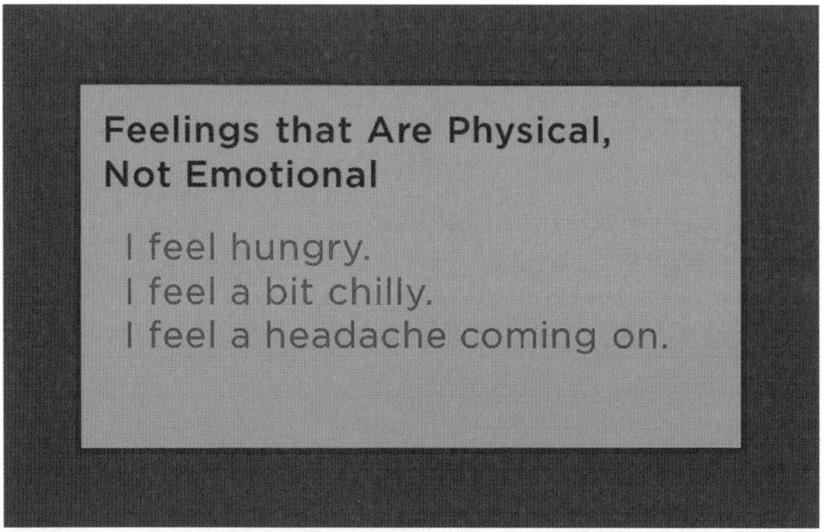

Feelings that Are Physical, Not Emotional

I feel hungry.
I feel a bit chilly.
I feel a headache coming on.

图 5.7

在英语中，有些人会用“觉得”这个词来描述身体状态，而不是情绪。要忽略它们

看到“但愿”（wish）这个动词时，它表达的是一种未来的状态，或者和过去经验不同的一种情形；也可能是推测。忽略它。但是，当看到动词“希望”（hope），我们可以解读为情绪。这是一个人当前对某件事情可能在未来发生而产生的情绪。这不是对未来情绪的猜测，也不是对未来事件的猜测。这是某个人当前的感受。

还有另一个情绪动词也很棘手。要留意“当……的时候，我真的很讨厌我自己”这个英语表达方式。通常来说，“厌恶”是可以忽略的一种倾向。但是，在这个场景下，它是一个人对自己的一种情绪。他因为某些事情对自己感到厌烦或者气愤。为了更清晰地表达，在我们的总结里换用另一些情绪用词会好一些。但是，如果“讨厌自己”这个表达真的能帮助自己记住某个特别的故事，也还是可以用“讨厌”来作为总结用的动词。

要避开的动词

有一些动词无法提供清晰的总结（图 5.8）。等日后看到这些含糊的动词时，还必须重新阅读所有的原句，这样才能再一次理解当事人。所以，选择一个生动、有辨识性的动词能替我们节省很多时间。

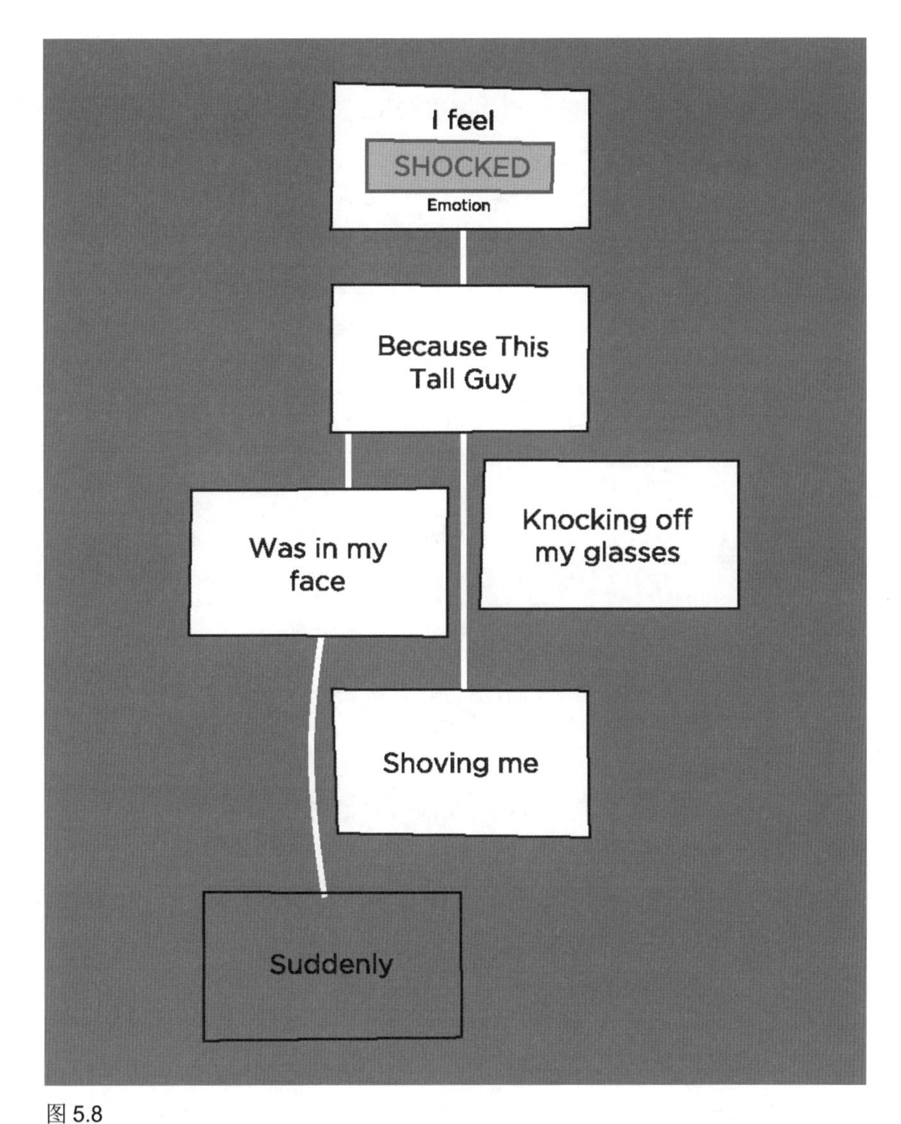

图 5.8

一些含糊不清或者非主动形式的动词会给后期理解带来难度忽略这些动词

可能还有其他一些英语动词应该列在这个"Verbs to Avoid"列表里。每次阅读文字稿时，都要训练判断能力。比如，动词"miss"可以是被动形式的"The ball barely missed my head"（这球差点儿没有接住）又或者，它可用于陈述事实"I missed the train yet again this morning"（我今天早上又一次错过了火车）它还可以用于表达情绪"I miss my summer holidays when ....”（暑假过去了，我很怀念，在那些日子里，……）只有最后那句才适合于建立同理心，我们也能更清晰地总结为“I feel nostalgic for my summer holidays when ....”（想起我的暑期，我感到柔肠百转，当时，.... ....）任何时候纠结一个动词是否合适，并且觉得它并不够清晰，都应当考虑另一个更容易唤起回忆的词。

拓展出总结的其他部分

现在，我们已经找到一个动词来开始总结了，剩下的就是完成整个句子。确保总结只是一个句子。保持简洁能使今后的阅读速度更快。

总结要清晰简明，并和讲话人的核心意图保持一致。总结同时需要说出背景。所以，直接在动词后面接上行为的原因来阐明总结就可以了。

提示　避免具体化、提炼或者合成

> 避免对体现一个概念的所有原句进行提炼或具体化成更高层次的概念。只需要简单地、更清晰地重述讲话人尝试表达的内容。不要尝试展示这些原话在更大的、不同人群的角度有何意义。概括和整合还需要放在后面，现在，我们还处于建立同理心的阶段。

不断修改直到清晰明了

因为总结将用于不同的目的，所以要注重清晰和简洁。总结的其中一个目的是让我们更迅速地理解收集的原句，以便几个月之后不必重读所有的细节并重新理解。所以，必须让总结清晰，没有歧义。最好能用自己的说话方式大声流利地表达出来。

把总结的句子想象成一个挂件。动词在最顶层，对象在正下方，还有一些短语平衡地悬挂之下。[①]如果句子是一个挂件，我们就不要在它之上挂

---

① 好用的句子图标转换工具和链接：http://compsocsci.blogspot.com/2011/11/resources-on-nlp-sentence-diagramming.html。

那些，要么不匹配，要么没法大声说出，要么实际是把两个句子不协调地粘连一起。最终只会让整个挂件朝一边倾斜（图 5.9）。

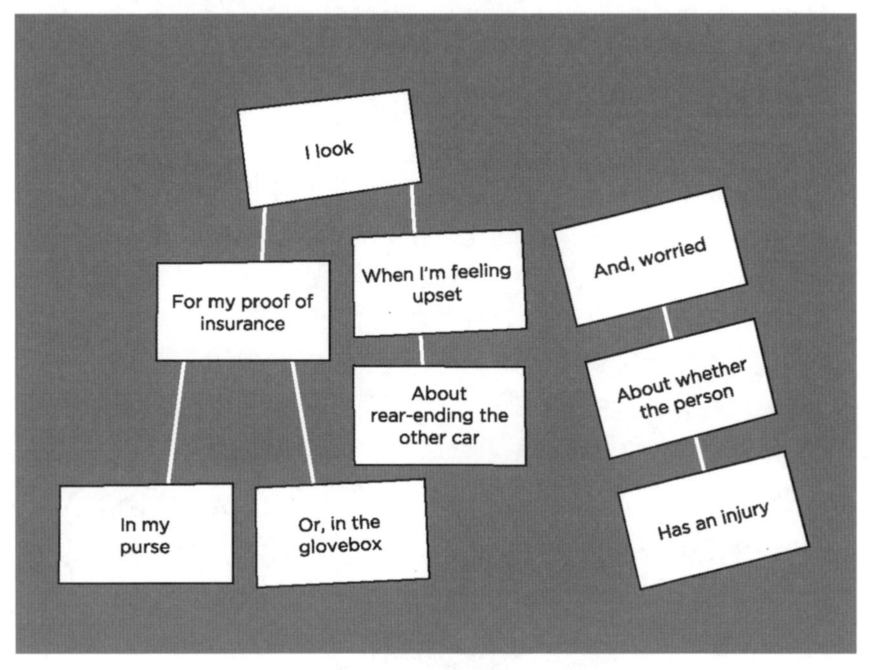

图 5.9

左边是清晰、优质的总结语句，是一个平衡的悬挂品。右图则是一堆不协调的分句

尝试唤起原话的感觉，但是别强求。不是所有的细节都需要展示，能帮我们记起对方故事的部分就足够了。我们可以使用对方的一些措辞来提醒自己。这不应该成为负担很重的工作。我们不是要生硬地拼凑出一个大杂烩或和原文差不多长的总结。世界上根本没有一个完美的办法可以写出恰到好处的总结。如果我们花太长时间在总结上，就做得太过了。

确保每一段总结都是独立的想法

讲话人的每一个概念只应该出现一次。他或许在文字稿中一遍一遍地提及某一个想法，每次都解释得稍微清楚一些，但我们应该只收集那些不同的原话。最后对表达这个概念的所有原话做一段总结即可。

同理，避免在两份不同的总结中使用同一段原文。每一段原文应当只为某个概念服务。即便某段原文可以诠释为两个不同概念的论据，也应该只择其一，保持简洁。

避免使用复合句

复合句是把两个句子用连接词（and，but，so，yet，or，nor，for）合并一起。[①] 每个句子都有各自的主谓，通常也有宾语。“我端上咖啡，但是她什么也不想要。”不要用这样的复合句来做总结。其中一个检查方法是在总结中查找一下“并且”这个词。即便是一个简单的、只有一个主语但是有两个动词的句子，也要重写。或许有两个不同的想法。“我决定提早离开这个会议，并开始另一些事情来更好地利用我的时间。”如果是这种情况，也应该把它们（和相关的原文）拆为两个总结。“我决定离开会议”和“我开始另一些事情来更好地利用我的时间”应该相互分开。

有些时候，有些想法实在是紧密相关。还是用一些短语把它们连接起来，比如因为（because），即便（event though），尽管（despite），虽然（although），由于（since），然而（whereas），等等。“我决定提早离开会议因为我有其他事情更值得处理。”要总结的重点，是离开会议的决定；“其他事情更值得处理”是支撑讲话人做出这个决定的理由。

连接词本身并不是问题的根源。可以用“和”来连接两段描述。“并不怎么和我说话的老板表扬和支持了我，我感到非常高兴。”两个动词不要连在一起用。“对于老板的赞扬，我感到非常高兴，但是又暗自好笑，因为他通常并不怎么和我说话。”这里包含两个不同的概念，每个都值得独立总结。

写出让语法老师都觉得自豪的总结。遵照语法规则。用对标点。我们的目标是写出一个独立、复杂但易读的单句。

---

① 相比之下，一个复杂的单句是在主谓宾主体句之外，还包含一串短语（称为“从句”）。

附上原文

当使用数码工具写总结的时候，可以附上相关的原文，以备日后检索方便（图 5.10）。这个方法能丰富我们的材料，但不是必须的。理解相关的原文具体表达了什么才是必要的。当然，手写的备注也没有问题。

图 5.10 这些都是本章前面出现的原文和每个概念的总结。

Summary	ID	Quote
Feel impressed that the musicians do their thing to play a jam session with whoever decides to show up that day	143	a jam se take tur You just along ar get, bec Each pe perforn They ar And, I re
Feel pleased that my small, friendly, non-chain pub makes made me feel so comfortable	143	Usually local pu So, it's c feeling ... it's ni
Relax with a drink and companionship	143	I can ha a relaxa meet up just rela
Celebrate the start of our weekend with the ritual of going to the pub Friday night	143	I meet r weeken ... Two c
Make sure I don't burn out from the stress of work	143	I work l ... tense
Feel pleased that our pub attracts good musicians, from all over the UK	143	really go bands fr stuff.

图 5.10　这些引文在本章前面出现过，每个概念都有相应的总结

大声读出来

大声读出自己独立做的总结时，会惊讶于自己为何那么容易发现一些地方写得并不清晰。有一本书阐述过语调和节律如何帮助清晰地表达想法，[①] 大声读出自己写的东西也的确能够协助我们做出修改。

还有，如果是自己做这个练习，但最终要拿着这份总结在公司内部传播，就找一个人复查，指出在哪里做出了假设，这是很有必要的。

在理想状态下，我们应该找回讲话人，让他来核对我们的总结。在一本关于采访顾客的书《访谈》（*InterViews*）中，作者讨论了一个问题：完全靠自己对文字稿的理解来处理是可以接受，还是找回参与者并让他有机会改变我们总结的方式。额外的步骤可能导致花更多时间在某人的概念上打转。但是，如果真的有这样的时间和资源来让参与者复查我们的总结，还是可以找到机会纠正一些细微的差别。

小　　结

研读文字稿有两个好处：增强对他人的理解和练习倾听技巧。这是相当值得花时间的。通过重新研读文字稿来理解人，比单纯倾听更为深刻。做出的总结是永恒的并能持续多年使用。只不过，如果真的需要赶期限，总结也不是必须的。

挑出概念

- 搞清楚每个概念是如何关联的
- 文字稿中要跳过哪些内容
- 事件、流程或背景的解释
- 事实的描述

---

① 埃博（David Elbow），英语名誉教授，马萨诸塞大学阿默斯特校区写作课程前任主任，《白话口才》（第 5 章）“语调”和第 11 章“大声朗读”。牛津大学出版社 2012 出版。

- 观点
- 偏好
- 概论和普遍原则
- 被动行为
- 猜测
- 超出范围的概念

为每个概念写总结

- 从动词开始
- 拓展出总结的其他部分
- 不断修改直到清晰明了
- 保证每段总结都是唯一独立的想法
- 避免使用复合句
- 大声读出来

在组织内部培育一片沃土，
让同理心在此扎根并生长

第 6 章

为我们创造的产品（服务）应用同理心

这一章将关注怎样应用同理心，尤其是怎么在工作中为我们创造的东西应用同理心。同理心会让我们以更多元化的视角去思考问题——这让我们眼界开阔。正因为对人们的目的有了更丰富的理解，才可以更游刃有余地去调整改进我们对这些目的的支持。例如，我们可能会致力于设计出更加独特的用户参与方式以免用户感到单调乏味而简单粗暴地下定论：用户是想更快下单或者更快查考勤什么的。通过同理心的应用，根据不同的行为模式，我们能更深入地探寻有针对性的、定制化的产品和服务。

此外，同理心并不总是可以发掘出令人惊讶的事实。即使有时获取的信息都在已知的范围之内，但也可能是之前忽视或遗漏的，所以不失为一个查漏补缺的良机。

同理心的应用也有助于梳理战略规划。在目标受众和战略方向之间，能运筹帷幄地规划取舍不同的方案策略。我们能在最小可行产品之上进行其他规划。而且，如果足够好奇，我们还能精准定位过去哪些貌似可信的臆测曾经导致组织误入歧途。

注意 创造的东西

> “创造的东西”是一个广义的概念，可以出现在现实中，也可以存在于数字虚拟世界；可能只限于组织内部，也可能与外部相关——比如合作方、客户、供应商或其他外部相关方；可能是需要好几个月精雕细琢的创作，也可能是花 15 分钟就能敲定的一件小事。或许有些东西，我们并不习惯在创造的时候注入同理心，比如：产品、服务、流程、策略和内容。
>
> 其实，任何需要其他人去理解或者获取信息的事物，都可以列在这里，创造过程中需要应用同理心。从这点来讲，范围已经很广泛了，创造活动与取得报酬并不直接相关，比如，可能是义工活动，或者在某些群体中承担教练、策划和顾问等等角色。

虽然人们以前常常借助于同理心来达到说服别人的效果，然而本书更想强调的是为了使我们所创造的东西达到更好的结果，运用同理心来更好地支持和服务于人。这就意味着真心愿意听取别人分享他们的目的，然后致力于帮助对方实现这些目的，哪怕这意味着有时要改变我们自己原有的一些目的和方式。这才是这本书想要推广的同理心思维。

寻找模式

在前几章的内容里，我们已经练习了怎么放空自己以充分理解和吸收别人的意见与反馈。从这章起，我们会开始真正应用前面章节积累的知识。然后，一展身手应用客观分析和模式识别，对众多受访者所述材料进行综合汇总并得出观察结果。

如果可能，可以写书面汇总，澄清歧义。汇总需要杜绝东拼西凑式的应付，应该真正澄清每一位受访者想法背后的动机并将它们与其他受访者相似的动机归纳整理到一起。同时，写汇总时也需要大刀阔斧地选择哪些内容此时需要省略。

如果不写书面汇总，当然也可以凭直觉来进行模式寻找。无论是默念还是朗读，逐一审视倾听内容时，一旦发现不同的人有相似之处，就马上记录下来识别其模式。因为是用粗略的方式来寻找覆盖较广的模式，所以这种方式通常能找出上述书面汇总中大概 25%～30%的细节，在很多情形下，已经够了。

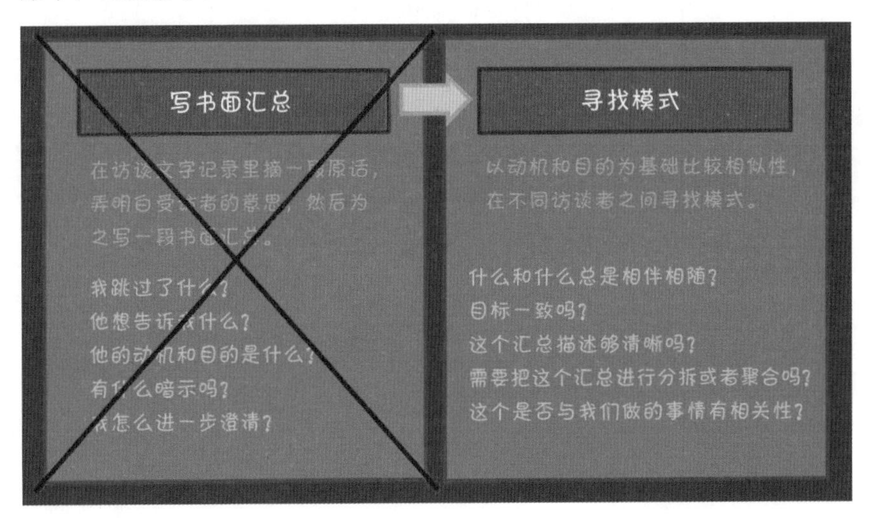

图 6.1

现在可以从不同访谈中提炼模式，审查一下这些信息是否清晰，以及和我们做的事情是否相关需要清楚认识的是，此时我们的思维方式和前面培养同理心时有所区别，在这一模式总结的活动中，需要认真总结我们认为每一位受访者想要表达什么意思。贯穿于受访者所述故事中的模式，需要用我们自己的分析思考将不同受访者之间的相似性提炼出来。通常，在分析和总结这方面，人各有长，所以如果有幸是团队一起工作，队员就可以在各自擅长的部分并行工作，各显神通。如果没有队员之间的取长补短，或者是单兵作战，可以考虑省略书面汇总，选用直觉式模式。

快捷方式：从记忆中提取模式

如果没有书面汇总，可以直接从记忆中寻找模式。当然，快捷是有代价的，这个方法的主要缺陷是我们的记忆不能完全还原原话中所包含的目的、频率和意义。所以用这种方法时，最好优先保留说话人提及的那些既明显又清晰的概念，别太纠结于我们可能记不太准的细枝末节。

当听到一个个故事时，其实我们脑海里已经开始注意到一些模式，所以也可以在每个倾听环节后直接记录这些模式，但有可能其实当时记录的“模式”只是在两个受访者之间有共性，这就需要适时修正记录。真正需要关注的是积聚众多受访者共性的模式。

如果有每次倾听环节的原始文字记录，有助于帮助我们回忆当时受访者具体说了什么。在使用这个快捷方式并从记忆中提取共性模式之前，建议花一些时间先翻翻这些倾听环节的原始文字记录或者倾听环节后的笔记，以保证记忆的准确性。

如果是团队协作，还有一个值得推荐的方法，就是每次倾听环节之后团队中有成员负责把受访者提到的显著突出的概念迅速记录到一张共享电子表格中。还可以花心思为这些概念排个序，这样一来，在之后的倾听环节完成后，新的项就会自动排列到之前添加的相近概念附近。如果想追溯信息来源，还可以给每一项添加一个唯一标识号。但需要注意的是，为了保证团队中每个人全神贯注地倾听，这样的记录活动应当发生在倾听环节之后。

丰富：在书面汇总中归纳模式

如果想从书面汇总中提炼模式，需要正视的重点是其中的过程不能自动化执行。例如不可能把所有动词串到一起，也不能简单粗暴地把所有“感到安心释然”的反应都归为一类。每一段倾听环节的汇总都不尽相同，变化微妙。为了从中归纳模式，需要把每段汇总当成单独的个体。这确实意味着庞大的工作量，但只要我们的思维模式习惯于这样的过程，就会进展顺利、快捷并从中体验到乐趣。

估算工作量

通常情况下，处理300份倾听汇总，大概需要20个小时来完成模式的总结归纳，即大概1小时审阅15份汇总。当然，完全可能先剔除一些，仅保留和我们所关注的业务相关的，这样一来，总数就会减少一些。

20个小时看上去一个人得在一个工作周消化掉，但如果有其他几个人协作，不妨尝试在短时间内聚在一起完成一半，个人完成剩下一半。

例如，为这个活动每天安排一个两小时的集体工作环节，这样一来，一周就有10小时，每天再轮流安排不同的团队成员为之工作2小时，剩下10个小时也有着落了，比如，阿利克斯负责周一和周三，巴里负责周二和周五，卡米尔负责周四，这样一来，大家完成手头上其余工作也不会有太大压力。

一次看一份汇总

我们常常从一份汇总开始，然后发现和另一份汇总概念上有很多共通之处，于是思路匆匆转移到另一份汇总上。[①]这样在整个数据库中多来几轮，可能剩下不曾触及的就是那些我们不感兴趣的汇总。这种方法称为“相关性分组”。

---

① 这也是建立心智模型的第一个步骤，第二步是在相关性分组的基础上，继续往下分出层级。本书只是为了发展同理心，所以不需要执行第二步。

任意选取一份感兴趣的汇总，无所谓具体是哪份，只要还记得当时受访者关于某一概念说了什么，就不妨从这里开始。如果之后发现关于其他受访者有类似的汇总，就把这些汇总放在一起。这里所说的“放在一起”可以有多种形式，把纸质文档叠放一起，把电子表格重新排序，用便签粘贴，用索引卡排序，用任意适合当前工作的方式即可。

所有汇总的第一轮通读可能会比后续几轮花更长的时间，所以为了加速第一轮，建议几个人并行工作，在同一地点或远程协作。可以先把汇总分成几个类别，让成员分别进行不同类别的遍历。和通常的结对协作类似，大声讨论自己把这些汇总关联在一起的理由。这样的集体协作常常能在一小时内审阅 10～15 份汇总。

提示 用动词速记法

> 如果每份汇总采用第 5 章建议的动词速记法，那么在团队一起协作时，可以把汇总中作为开头的动词念出来作为这份汇总的特征词，还可以把几个动词串起来作为一个相关性分组的特征词。比如，大声问：“这份新的汇总大家觉得是更适合归入”“好奇-思考”还是“决定—选择—挑选”分组呢？动词往往比名词更能生动地描述人们的行为。（之前为汇总选取的动词是含糊还是清晰，也可以趁此机会验证。）

一鼓作气，再而衰，三而竭，考虑到还有其他日常工作内容， 建议最好尽快完成这些汇总的归纳工作。速战速决的好处是我们对之前的倾听环节还有新鲜的记忆。如果战线拖拖拉拉好几个月，就得一遍又一遍地重新拾起之前已识别出来的模式。当然，可以根据工作需要来灵活选择恰当的方法，可以为每轮遍历设定不同的速度，还可以根据工作实时情况随机应变地控制节奏。这些都要结合实际情况来考虑。

对所有倾听记录进行研究、总结和汇总，什么时候才可以完成找模式这一活动？我们常常发现找到共通点的同时，其他四五个不同的“声音”也会跳出来（图 6.2），继续从中找模式，或许最后能合为两三种“声音”。在下面一家保险公司关于事故侥幸逃生人群的调查研究中（图 6.3），四个不同的受访者提及“想知道涉及事件的其他人当时的想法”，另外两人提及“猜测肇事者应该是疏忽大意了”。需要说明的是，一个模式的重要程度并不直接取决于这些概念被提及的次数，与组织当前业务重心的相关度才是决定性因素。另外，虽然有助于整理和回忆，不过也不必像图 6.3 这样正式列举所有的模式。

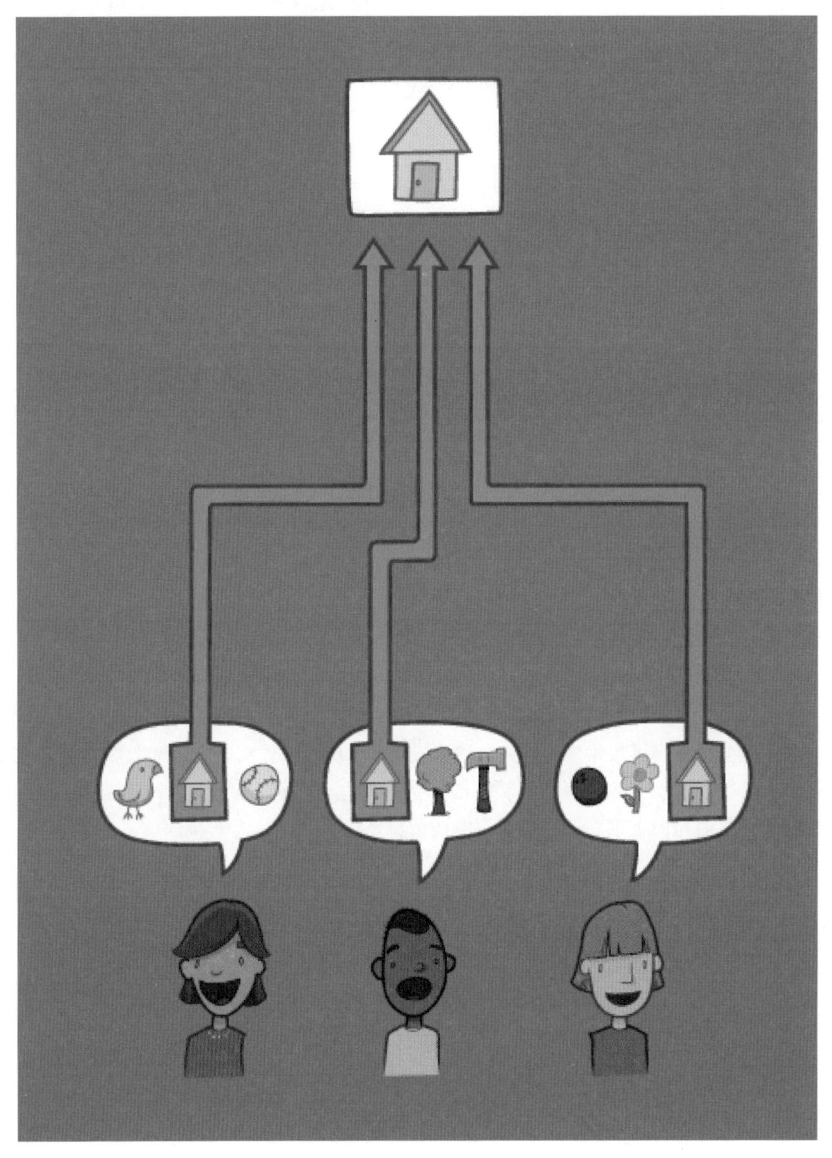

图 6.2
找模式就是找出不同个体潜在的目的中的共通点

想知道涉及事件的其他人员当时的想法	
试着从他的角度看问题，作为一个不会做翻转的人	101
想知道什么让一个人气愤到猛烈地袭击陌生人	102
试图去想象当时这个年轻人脑子里在想什么	117
根据她的描述，那个保安注意到了，但他做了一个假设	101
猜想那个跳进深水的人会游泳，因为一个正常成年人都不会犯这样的错啊	123
猜测肇事者应该是疏忽大意了	
感到沮丧的是，司机和工作车辆的人似乎不知道他们给我造成了什么伤害	117
猜测那个年轻人当时没有注意到，因为他在飞快地开着卡车还听着音乐	117
感到愤怒，从他的眼神中重新演绎了这个场景，看到自己躺在车道中间，显然没有意识到他的存在。	101
想象一下如果当时……会发生什么	
想象一下如果当时他带有武器，他可能会袭击我	102
想象一下如果我如果当时处在后面 10 步远的地方，会发生什么	109
想象一下如果我当时马上拐进了人行道或者处于前面 5 步远的地方，会发生什么	117
想象一下如果司机当时没有注意到，会发生什么	123
想象一下如果在我旁观时他溺亡了，那是多么可怕的事情啊	123
一想到我儿子就差那么一点会因为花生酱过敏就不寒而栗	105
一想到高速路上的司机一两秒的疏忽就会造成伤亡事故，就觉得特别可怕	110
如果出现这么可怕的场景，我根本无法控制伤亡，一想到这个就觉得很崩溃	117

图 6.3

一家保险公司调查事故中幸存的人，这里在 32 个提炼的思维模式中选取 3 个显示在表中。每段汇总右侧数列中的数字代表的受访者的唯一标识编号，有助于在必要时回溯到原记录对当前上下文进行重新评估或解释

也可以大致用时间顺序来为识别的模式排序，虽然时间顺序并不是个重要的特征，但是这样的排序直观高效，能方便团队成员查找模式。有一些不容易按此方式排序的模式（比如有一些模式包罗持续发生的情形）可以放在末尾。

当所有剩下的部分都是不同访谈者各自独有的概念时，标志着找模式的工作可以结束了。剩下的这些概念，有的比较笼统，无法总结，可以直接删去不计；有些可能对我们组织仍然有意义，但需要受访者进一步提供更多信息。

注意力集中在难题上

有时，我们可能发现某个模式其实来源于同一个受访者对某一个概念的反复强调。因为仅仅来源于一个人，其他人并未提及，一般来说这不是一个模式。面对这种情况，有两个选择，可以选择忽略这个概念，但如果此模式对我们的组织意义非凡，可以再找一些新的受访者再做更多的倾听环节来观察这个概念是否会再次出现。虽然有些概念看上去很美，似乎具有普遍意义，但仅仅根据一个受访者的声音就建议改变产品服务是不符合逻辑的。最好先证实这个概念在更广泛的人群里有共通性，之后再变化也不迟。

提示 倾听环节

> 如果真的就一个为了一个单源概念组织更多的倾听环节来验证这个概念有普遍意义，务必注意不要主动提及这个概念。在倾听环节中，不应该引入话题，这样很可能让结果出现偏斜。即使之前受访者根本不会自发地想起这个话题，一旦引入这个概念，他们就会开始就此发表看法。

有时也可能遇到来自同一个受访者关于同一事件的两份汇总，如果是这种情形，建议直接删掉一份。不必保留为同一个概念从同一个源头收集来的所有样本。

如果不愿意删，也可以选择把两份合为一份。但如果是同一个受访者关于同一概念的两个不同事件形成的不同汇总，如果都有意义，也可以选择保留。

评估自信

通过倾听环节找到的模式，我们有多自信是找对了？它们可靠吗？不同受访者提及同一个概念的频次是一个显而易见的可靠量化指标。[①]一个概念只有一个人提及，当然不算模式，这个不难理解。但是如果两个人提及同一个概念呢？有可能是，我们判断是否保留的依据可以是在组织更

① 布朗博士（Brené Brown），休斯敦 Ted 演讲“脆弱的力量”（2010 年 6 月 12 日）。

多倾听环节的前提下这个概念是否会有其他人主动提及。总的来讲，这些判断都基于个人经验，所以最好找尽可能多不同背景的同僚来帮助复核。有时可能会有五个人同时提到我们都很陌生的一个概念，虽然以前我们都不知道，但这是一个确定无疑的模式。最后整理保留那些对组织重要的模式时，这个筛选过程多少也会有我们的个人倾向，所以最好找其他同僚复核一下，因为有时我们筛除的概念会因为个人经验而低估其重要性。

找模式是一个归纳推理过程，而非演绎推理。由于在日常问题解决过程中大量使用，所以我们可能已经习惯于在工作中采用演绎推理。但是基于人的思维模式来寻找模式并不是解决问题。归纳推理不需要我们从提出假设开始，相反，通过事物本身的特征来重新组织其结构。

- **演绎推理是自上而下的：**设立假设；积累和评估数据；证实或者反驳假设，从而支撑或修正之前的理论。
- **归纳推理是自下而上的：**限定一个探索范围；[①] 积累信息；[②] 根据信息建立假设，探索可能与结论相悖的例外，其中并无认知性的确定性。

虚假的模式确实也存在。人类识别模式的能力与生俱来，但有时也容易过犹不及。举一个常见的例子，我们有时在消防栓、邮箱或者电插座上看到类似面孔的图案，根据上面的“面部表情”，这些物品瞬间仿佛注入了情感，看到一个哭丧着脸的邮箱我们也会觉得悲伤。有时即使应用了同理心，也会识别出虚假的模式。因为我们脑海里可能有一个念头在萦绕，甚至下意识地把不同的汇总揉在一起来拼凑这个预设的概念。在制造虚假模式的过程中，我们可能毫不知情。一个及时让自己停下来的提示是，我们为汇总匹配相似性时陷入了困境，而造成这个困境的原因很可能是由于大脑强行将汇总的内容归入预设的模式。

---

① 更多详情可参阅“（Introduction to Business Research Methods）”，作者杨（Anthony Yeong），发表时间 2011 年 7 月，网址为 slideshare.net。

② 认识论意为对知识的研究。

书面归纳模式和记忆提取模式的区别

从记忆中直接提取模式最大的好处是过程非常快捷。如果团队规模较小，人手有限，这可能是很多时候找模式的首选方法。如果团队常常需要书面归纳来为说服或者决策提供最保险的证据，也可以用记忆提取法来探索熟悉的领域。

记忆提取法最明显的缺陷是其结果在很大程度上依赖于记忆的准确性，倾听环节中的许多概念都可能丢失。

书面归纳法最大的好处是不会漏掉倾听环节中受访者讲的信息。这个方法可以轻松统计有多少个受访者不约而同提到某个概念以及根据话语中的微妙区别来澄清并分离出不同的概念。

书面归纳法的缺点是，归纳后产生的具体模式中，针对组织业务需求和发展的方向，可能有一部分模式并不重要，甚至有一些可能在组织业务范围之外，所以为这些模式付出的时间和人力实质上是对资源的浪费。

	优点	缺点
记忆提取法	• 快捷 • 宽泛的定义一般能覆盖25%~30%原有的概念 • 能覆盖组织业务关心的重要概念	• 丢失70%~75%概念及其细节 • 有些重要概念貌似重复出现，但可能是错觉 • 语言描述可能因为个人习惯而表述不清
书面归纳法	• 所有概念来源可溯，信息可靠 • 容易抓取涉及某一模式的论据 • 语言表述清晰 • 能明显识别微妙的差别 • 明白无误，毋庸置疑	• 有些识别出来的模式与所关注的业务无关 • 付出大量时间讨论

图 6.4

在不同情况下，两种方法都有用武之地。根据实际情况选取适合的方法即可，还可以在每一次遍历数据时采用不同的方法

根据模式建立行为细分

市场细分这个词如今广为人知，它将业务市场的目标消费者定义为不同的群体。市场细分其实是行为细分中的一个子集——这个子集的行为是“决定购买”。“行为细分”这个概念包罗万象，行业与行业之间差异巨大，即使在同一行业里的不同组织的行为细分也不尽相同。比如，在航空这个行业里，除了预订决策之外，还有与查询行程、选择航班、购买机票和搭乘航班等相关的其他各种行为。行为细分可以帮助我们围绕服务对象和服务场景来展开思路。

如果想要把服务对象划分为有代表性的几个类别，此前从倾听积累中归纳提炼形成的模式正是进一步建立行为细分的信息基础。我们可能发现有些受访者有相似的行为理由，而且在既定情景下不同的人群行为反应可能有一些微妙的差异。每一个这样的人群就形成了某一类行为细分。行为的种类是由我们的探索范围所制约的。每一个细分的类别由行为来标识命名，比如“预定决策类”和“选择航班类”。

之前形成的书面汇总中包含各种不同行为理由，这些信息为行为细分提供了丰富的角色深度。角色深度有助于把人群的行为模式刻画得更清晰可辨，也有利于激发创造性思维。

说明　某个行为细分类别的人群在整个业务市场占比多少？

> 建立行为细分时，或许我们渴望准确知道每个细分类别的人群在整个业务市场的占比。因为人们已经习惯于诸多“商业数据”不仅包含购买量，还有许多电子化信息，比如购买者偏好以及其他人愿意填写的统计性信息。但这些难以把我们从受访者那里获取的深层次原因和这些现有的商业数据直接联系到一起。实话来讲，很难直接得到每个行为细分类别下人群的百分比，但还是比较容易指出某个人群在整个消费者群体中占有绝对主导的地位。

随着时间推移，后续倾听访谈可能持续进行，我们面临的问题是，怎样把后续的受访者归入现有的行为细分类别中。大多数时候，新的受访者都能轻松归入现有的类别。但绝对完美的匹配基本不可能，所以需要仔细审视每个类别中受访者的理由、反应和指导原则，然后判断哪一个类别与这个新的受访者最为接近。有时候，确实也会遇到一个新的受访者让我们意识到这是一个以前未曾发现的新类别。但更多时候，只需要在现有行为细分的类别中找到合适的类比并为之增加一个新的模式，而不是直接新建一个类别。有时会出现同一个受访者的行为理由在不同阶段有较大差异，比如一个人去外地开会的商务旅行和他放下工作去度假休闲的行为动机可能截然不同。总之，不要死板地固守着定义出来的细分类别，每个类别都代表着某一人群，而人的行为从来不是一成不变的。

先建立行为细分，后考虑塑造角色模型

可以为每个行为细分类别建立角色模型，[①]虽然不一定需要这样做。可以给每个类别创造一个虚拟代表角色，赋予他（她）名字、年龄和面孔等，很多人更喜欢有这样一个栩栩如生的角色作为参考对象。但有人也认为没有角色模型一样能充分发挥行为细分的作用。

注意，如果为行为细分类别建立角色模型，那么之后在使用这些角色时，尽量不要被其虚拟特征所吸引而偏离其本身应该代表的行为模式。比如，一个角色模型被赋予年轻人的虚拟形象，很容易让我们陷入一个以偏概全的思维陷阱，武断地判断年长的人不会类似于这个角色的行为。但其实，一个年轻人喜欢写影评并分享给朋友，并不代表60多岁的老年人就不能写影评投稿给《纽约时报》。所以两者都可能落入同一个“喜欢写影评”的行为细分类别，与年龄无关。为了避免这种思维陷阱，可以尝试为角色赋予并不常见（至少在创造者认知里并不常见）的特征，这个小窍门可以让我们将注意力放在这类人群的行为上，而不会受到年龄、性别这些统计特征的干扰。比如，为“喜欢写影评”建立角色模型时，脑海里首先浮现的可能是一个十多岁喜欢独处的青少年，那就反其道而行之，把这个角色塑造成一个年长的女人，多才多艺，和蔼可亲，文笔幽默。

---

① 角色模型是代表不同行为细分类别的虚拟角色。更多详情可以参阅古德温（Kim Goodwin）的《数字化时代的设计》（*Designing for the Digital Age*）。

让角色轮流演出

一个常见的误解是业务范围内只有一套细分类别。在这个误解下，最典型的例子就是只有“购买行为”的细分类别。与其和定义市场细分的人们争，不如向他们举一个有角色阵容庞大的电视连续剧中演员出场的例子来说明。有些角色在特定场景下出场，而有些角色鲜有出场。每一个场景就像业务中的客户体验或者交互界面。

以保险公司为例，可能定义以下场景。

A. 判断哪种保险政策符合自身要求或对自己有益。

B. 曾经在事故中侥幸逃生。

C. 经历过事故之后。

D. 判断是否能索赔并减免费用。

E. 提出索赔并坚持到底。

其中可能有下面几个不同的角色。

1. “让这成为一个教训”。

2. “大事化小，小事化了”。

3. “有不良事故记录”。

4. “寻求更多保障”。

最后两个角色属于购买行为的不同类型，所以出现在场景 A 中，但不会出现在场景 B 和 C 中。

前两个角色则属于事故处理行为的不同类型，不会出现在场景 A 中，但在场景 B 和 C 中却是保险公司重点关注的角色。尽量为这些角色拓宽戏路，让他们在不同的场景中演出。

激发创意

在倾听环节中得到的模式中，可能蕴藏着数量可观的创意有待在协作过程中进一步发掘。重要的是，不要认为单打独斗去找所有解决方案。

这就需要依赖于再进一步去获取他人的见解，比如周围同事或者利益相关者的看法。怎么才能更好地服务于目标人群？不要固守自己的想法，而是更多关注于从受访者和同事身上获得的信息。有时不妨让别人站出来带头做示范，将有些想法推翻重来。动员一切能动员的力量和希望，在协作中不断锤炼和壮大有价值的想法。俗话说三个臭皮匠顶个诸葛亮，点子在众人的思辩中来回碰撞才会更成熟、靠谱。可以把这个当成一个趣味游戏，如果大脑里已经暗藏一个想法，可以观察同事会不会也会提出同样的观点，也可以观察经过激烈讨论的观点是不是比自己暗藏的想法更胜一筹。去除对想法及其构思过程的私欲，能帮助我们更客观清晰地评估这一想法的价值。这也是同理心思维方式一个重要的组成部分。

一旦明白把想法分享给众人有多么重要，就立刻行动吧，和同事一起出谋划策。这个时候，这个想法就像一颗种子，大家一起把它种下，好好耕耘，或者说，是为了更好地理解业务需要支持人群而培养的一片沃土。致力于在整个组织传播和培养同理心思维方式。相对于在交流贫乏理解肤浅的贫瘠环境中痛苦挣扎，在这样一片交流顺畅、思想深入的富饶环境中扎根，这颗种子或点子会更加势不可挡地茁壮成长。

并且，同理心思维方式有助于抑制政治正确的言不由衷。如果在讨论中大家各持己见，我们可以依靠同理心，用中立的发言来改变讨论的氛围。这一路经过倾听环节，汇总和识别模式这些实践，已经有效地让我们大脑某一块区域充满别人的想法，此时我们可以专注于为同理心代言，只要一开口，言语中就是别人的声音，而非我们自己的声音。

提醒自己组织的目标使命

处于创意阶段，可能是一次非正式的过道聊天，也可能是一场正式的列席会议，需要经常提醒自己组织有什么年度目标。可以不断在脑海里默默提醒自己，也可以大声说出来提醒在场的所有同事。在激烈的创意碰撞谈论中，组织目标可能帮助我们快速定位哪些概念和模式与当前业务重点有更直接的关联，从而让我们注意到大家当前讨论的重点是不是已经偏离组织目标，是否需要及时扭转才不至于在上面浪费过多资源。

从描述模式开始

为了激发创意，可以先简单叙述前面已经整理好的模式或者汇总。大声描述一个模式，搭建一个虚拟的舞台并邀请伙伴们一起加入。不论是手里拿着模式或者汇总的文本，还是直接凭记忆即兴发挥，都可以。

如果不得不一个人天马行空，就在脑海里自编自导一场对话吧。凝视空中，努力想象模式所描述的场景。有的人认为脱离日常环境有助于自己专注于其他人的想法。①

使用第一人称代词“我”

这项活动的第一准则是尽量用第一人称“我”。同理心意味着把自己放在别人的立场上。用第三人称“他”或“她”来描述一个人的想法时，其实我们还是在以自己的角度来看这个人，不知不觉中竖起一个屏障把自己置身事外来观察场景里的其他人，就像看电影一样。这必然会增加一层信息滤镜。所以用第一人称“我”，欺骗一下自己的大脑，让自己更贴近别人的思维模式。

加工这些来自原话的模式描述时，用第一人称“我”真的不会觉得别扭。而且，好好利用之前在做汇总时精心挑选的动词，也会带来很多不错的收获。

---

① 更多详情可以参见巴雷（Leah Buley）的《用户体验多面手》。

不要虚构场景

或许我们在其他环境中用过虚构场景来催生更多想法。但这里不需要虚构场景，而是直接使用在倾听环节中已经了解的现实场景以及人们置身其中的真实思考、反应和想法。

接下来，和同事一起在这些现实场景上做进一步延伸扩展。有时找到一个方向或维度进行延伸思考只需要几秒钟。一个团队中每个成员轮流分享一遍自己的扩展想法，再一起挑出和组织业务相关的内容。这里的“相关”并不限于组织现有的产品或者服务，还要积极探索流程改进和内容创新的可能性。

提示 找个人聊一聊

> 如果这事儿是单干，可以在朋友圈里找其他人好好聊一通。这些朋友可以来自工作之外，或是学术圈的，以及前同事，等等。在别人面前大声描述自己的看法对于明确问题往往有意想不到的效果，茅塞顿开，其意立现。如果不能当面描述，书面交流也能得到类似的效果。

聚焦于推理模式，切忌以偏概全

另一个重要原则是不要以偏概全。偏见很容易与一些统计特征描述结伴而行：性别，年龄，收入水平，健康程度，宗教信仰，眼睛颜色，国籍，政治派别，等等。为了保持同理心的客观性，我们需要聚焦于归因中的模式。例如，不要轻易贴上“糖尿病前期人群”这样的标签，而是根据前面的相关行为细分，使用听到人们提及的不同原因，从而描述为“工作繁忙以至于不得不依赖于点外卖的人”或者“总是随大流跟着家庭和朋友随便吃点儿的人”。这非常有助于去除那些“想当然”的假设。

另一个例子是，一个人属于某个政党派别这个特征并不能直接解释他（她）日常的行为动机和指导原则。确实，贴政治标签这样的行为往往带有太多偏见——让这个人及其带有该政治标签的同党都被我们贴上对其党派主张的解读。事实上，每个人对这些主张的解读也不相同。

如果不基于事实而妄加揣测，往往会做出有害无益的假设。在很多情况下，假设在某些方面的见解是错误的。同理心关注于人们内心更深层的解读，帮我们避免无端的猜测或至少在做假设时意识到自己已踏上歧途。

在西方文化中，用一些标签以偏概全来代表一类人的想法还是相当普遍的。媒体报道、娱乐文化、专业演讲或者日常聊天中这样的以偏概全比比皆是。人们要么下意识使用以偏概全的论调，要么用这种方式来夸张声势。一旦有同事摆出这样的论调，我们就要勇敢站出来指出这是一个以偏概全的假设，例如，听到有人说“糖尿病人总是抑制不住地想吃甜的”，就意味着我们该站出来发声了。

即使同一个特征下的人群有行为动机相似的明显趋势，也不要用这个特征描述来为他们贴标签。相关性和因果性不能直接划等号。像性别这样的特征标签，并不会直接引出某种行为动机。在考虑怎么更好地服务于目标人群时，影响决策的应该是人们的行为动机，而不是他们身上的特征标签。[①]

或许有时老板鼓励我们在找模式时尽量倾向于统计学特征，这可能会让人很头疼，觉得为难。所以，还是尽量努力让同一个组织所有人都理解同理心思维模式，用实际的人作为例证，基于人的行为动机来做行为细分而不是基于以偏概全的统计学特征。在语言描述上要考究，以便其他人在使用我们总结出来的模式时不至于产生以偏概全的错误假设（图 6.5）。

---

① 关于统计学特征以偏概全的害处，作者举了例子，《华尔街日报》网络版 Middle Seat 专栏上麦卡锡（Scott McCartney）2012 年 11 月 28 日发表的文章说“男性喜欢随身携带行李；而女性喜欢托运行李。”作者研究后发现，随身携带行李上飞机的主要原因有几类：行李中有贵重或易碎物品；抵达后能快速离开机场；还有就是曾经出现过航空公司丢失托运行李的情况。这些行为背后的动机和性别并无直接关联。

图 6.5

下次有人脱口而出这样以偏概全的论调时，可以尝试让他/她用行为动机模式重述一遍

用笔记记录想法

随着想法的堆积，不断在讨论中催化和重塑进而产生更多想法之后，建议做一些笔记以便事后回忆讨论内容。别忘了在笔记里说明这些想法怎么落地转化为商业优势或组织目标。笔记就够了，不需要更正式的书面记录。可能我们已经见识过想法记录为正式书面文档的可怕结局。一旦成为正式文档，要么随着思路的推进每一个细微变化都必须不辞辛苦地登记在案，要么懒得更新而让这个想法保持原型一成不变吧。大家都不愿意更新的主要原因是更新正式文档太繁琐。所以，推荐用非正式的笔记。给创意加上临时标题，让笔记比平时更短小精悍。在开始着手设计梗概或原型之前，每隔一两天都可以把这些关于创意的笔记翻出来，再讨论，再修改。有时哪怕是很短的时间段，也能激发更多不同的观点和想法。

测试一下我们的同理心

可以用演技作为标准来衡量我们的同理心。演员必须对自己演绎的角色感同身受。每当看电视或者电影时，我们能通过角色是否饱满传神来判断演员的演技。如果是演技欠佳的演员，我们会发现他/她会在角色里不经意代入自己的反应，而不是演绎的角色。很多电视节目和电影中[①]也不乏两个人互换灵魂/身体的桥段，演员怎么令人信服地演绎出交换角色的特点？这是对演技的经典考验。想想看，当我们用第一人称“我”化身为别人时，演绎得是否逼真？或者，还是在用自己的声音表达我们的行动原因或对别人的看法？如果有足够的勇气，真的可以搭起布景演一场戏，甚至给自己录影。但是，很多人还是羞于真的上台演戏的。当下有很多优秀的即兴表演工作坊帮助我们勇敢地上台，这种即兴表演也为群体迸发创造性提供了一个理想的环境。遇上不愿意扮演的角色，我们可能会觉得自己演技稚嫩，就像小时候参与的角色扮演游戏一样。扮演是一个让我们思维装入同理心的好方法。如果团队愿意，不妨一起尝试一下这个方法。

---

① 一个早期的例子是《复仇者联盟》“谁是谁？？？”故事中，敌方特工巴塞尔（Basil）和史蒂德（John Steed）互换身体，皮尔（Peel）先生和敌方特工罗拉（Lola）互换。

另一种测试方法是写剧本，但这里的剧本是描写他人在某一特定扩展场景中的内心活动。这种写作过程有助于达成更通透的思考。或者，也可以用简笔人物加圈在气泡里的内心活动来画漫画，这有助于读者随角色一起感受喜怒哀乐。[①]和团队交流时，我们也可以用这些来作为交流想法的辅助材料。

第三种检验同理心程度的方法是故意接触个人日常经历之外的场景。如果我们能很自然地以某个人的表达方式来讲述他/她的行为理由，而这种行为理由我们自身之前要么不熟悉，要么不赞同，就说明这就是富有同理心的表现。“我根本就不相信航空公司能把事情弄妥当，所以我自己去找那个守门的人对质。我对着她大吼大叫，好让她认识到她错得多离谱，惹得我多冒火。”这样情绪化的表达可能和我们平日里的言行大相径庭。但如果能把这段表现得惟妙惟肖，而且真心相信此时此地我们就是这个角色，就表明同理心程度较高。

检验想法

之前提过“思考-实施-检查”的基本循环。在“思考”阶段，同理心一直在影响我们的大脑。现在需要和别人一起来验证审查我们之前的想法。为了审查，首先得向其他人把这个想法描述出来——“实施”这个想法有不同的形式。作为之前倾听环节中受访者的代言人，我们的职责是把他们的故事或详细或概括地通过我们的想法表达出来。如果缺乏适当的上下文作为铺垫，容易造成对想法的误读。[②]比如，用户体验设计中的静态文档如框架图、场景模型和用户体验地图需要一两个场景以及明确定义的典型角色或角色模型来作为背景。动态交流（如原型设计或交互式模型）也需要背景故事和角色模型来完善信息。在交互中做好这些内容铺垫，才能保证其他人沿着既定的方向真正理解我们的想法。用受访者的声音将这些故事娓娓道来，一旦让别人理解了我们的想法，就可以和他们一起“检验”想法。

---

① 成（Kevin Chang）的书《你懂的》（*See What I Mean*）是一个很好的指导，麦克劳德（Scott McCloud）的《理解漫画》（*Understanding Comics*）也是。

② “没有上下文的线框图是毫无意义的。它不能代表设计，也不是可以点击的原型……我们需要两者兼得——设计和讲故事。”特雷德（Marcin Treder）。

在为想法分配资源启动投资之前，作为验证想法的最后测试，为我们的故事建立一个平行版本，而在这个版本里面，在想法缺席的情形下，角色依然能够达到目的。这个平行版本是一个澄清故事的好办法，也有助于阐明最应该为哪些行为动机和反应改善我们的服务。

正在做的工作应该怎么办？

如果一些模式让我们认识到需要改变一些既有的工作方式，怎么办？为之改变正在讨论的想法，正在开发的项目，甚至已经投入使用的产品，都是完全合理的——但这需要运用我们的技巧和热忱去说服那些可能推动这个正向变革的人（第 7 章）。如果之前通过努力已经打造了一个开放合作的环境，那么说服他人改变也会相应变得更容易。

另一方面，有时会遇到某位领导已经根据某一利益预先规定了一个既定方向。但基于对受访者行为动机的深入理解，我们发现这位领导制定的计划可能有缺陷。这时可以做一个小实验，从领导的角度出发，将他/她原计划中的场景进行扩展，把故事里的角色的想法大声表达出来。可以用这种方式来验证在这种场景下我们的想法的确有效帮助了这些角色还是让他们陷入沮丧。或许有时我们会吃惊地发现自己原本的担心是多余的，而领导的想法是正确的。

在前面的情况下，也可以选择和这位决策者或者他/她的直系下属讨论。我们向他/她展示原定的计划会出哪些岔子，不要直接表达我们的想法，而是用倾听环节中受访者的声音在原计划中扩展场景下进行演示。这样的讨论，在没有自我意见的情形下，通常会取得不错的进展。

当然，有一些领导对自己的决策坚信不疑，任何没有经过深思熟虑的会议要求都被认为是在干扰他们为组织出谋划策。理解他们吧，他们确实经常在别人休息时还在熬夜加班。倾听并站在他们的角度来思考，感受一下他们的精力状况和思维模式，用恰当的方式表达我们对这个问题的兴趣，终究是能找到合作机会的。

解决更多问题

一个假定是找到一个共同模式时针对这个群体的解决方案同样也普遍适用于其他人。但实际上也可能出现相反的情况，一个群体的共同模式可能和其他群体模式的解决方案完全不同。例如，一个模式中人们希望有更多时间和空间来解决问题，但另一个模式中的群体则希望在解决问题的过程中有频繁的交流和及时得知进展。

只要功夫深，一定能在用户支持上有更敏锐明智的策略。找到覆盖面最广或者盈利最多的模式，把业务聚焦于相应的客户群体，为他们制定更紧凑的开发、上线和运维日程安排。好钢用在刀刃上，在某个特定时间范围内，为精准定位的目标客户调动恰到好处的资源。

绝大多数解决办法都是我们从自己的观点出发的，这是显而易见的，毕竟是我们在一直推动解决这个事情。之后用自己的想法努力影响别人的观点。但其中的难点是，在时间和进度的压力下，在有限的时间内常常不太容易说服组织里的每一个人。在试图推翻所有人的反对之前，先尝试推翻自己的观点。当需要为自己敲定方案时，可以尝试一下这个技巧。新闻报道为了佐证一个事实至少需要引用三个不同的信息源，或者房屋业主实施维修之前找三家维修商估价，类似地，可以在脑海里搜索三种不同的观点（图 6.6）。这可能只花区区几分钟时间。这三种观点既可在相似行为的类别中找，也可以从不太相似的行为类别种寻找。从另外三种不同的观点来重新审视自己的方案，非常有助于我们找到更多需要调的地方并进一步加强。我们一定不希望因为自己而导致组织最后陷入产品服务无人问津（只能展示给自己看）的境地，毕竟，组织内部人员并不是行为细分中的目标客户。

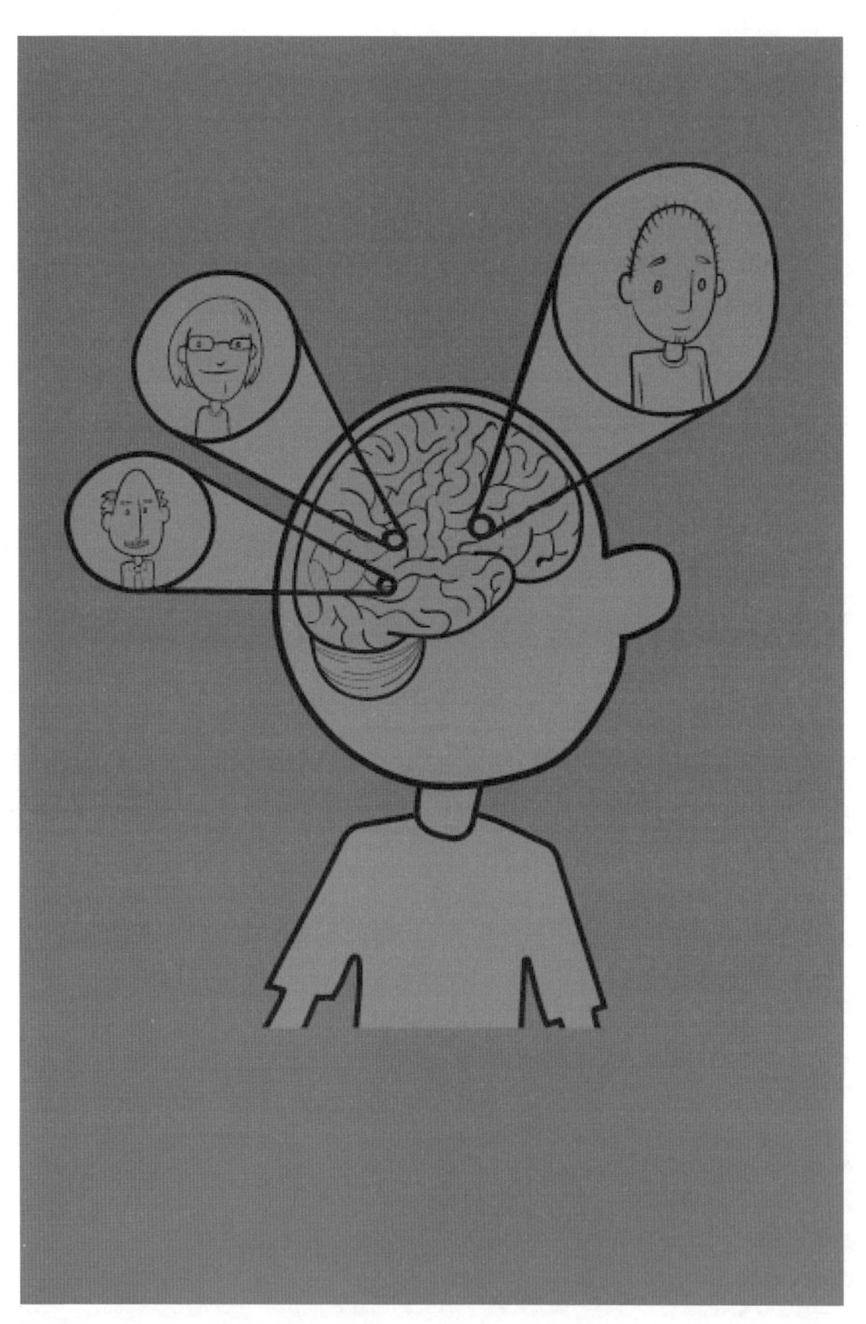

图 6.6
给打磨自己的观点之前，花几分钟至少从三个人的视角来审查

探索各种组合

人类具有丰富的多样性。通常没有一个方案能解决所有人的问题——这是必然的。我们的产品需要为不同的行为模式划分出不同的方案，或者说是同一个方案的多种路径。一份文本，一种服务，一款产品，一个策略，一套流程，这些都可以分化出不同的实例。如果不仔细从各种可能的角度来研究，可能导致组织在浑然不知的情况下只针对一种行为动机模式开展业务，甚至可能出现产品不能与任何一种模式相匹配的情形。

虽然我们不太可能为一种服务生成 100 个变种，但两三个还是可能的。这往往也不需要两三倍的工作量，因为这几个变种后台的工作有很多重合，只是前端客户使用这些产品的方式在每个版本下各不相同而已。生成不同版本时，有的需要改变措辞和语气，有的需要改变重点和强调，但这些变化在原有基础上不会花太多功夫，绝对不至于要两倍的工作量。

探求长久持续的发展方向

有足够充分的理由让产品可持续——具有可扩展性，不会轻易抛弃，相反，可以长期持续使用。回想一下那些经久不衰的流行词语，例如“新”“全新”和“全新改版”。很多公司都不断重新发行加有微小变化的基本产品来保证长久持续的购买、利润和专利保护。或许我们都怀疑过某些公司别有用心地占用我们的手机资源，让手机响应速度变慢，从而迫使我们升级手机。带着对消费者的同理心，我们可以帮助组织不通过客户的重复购买来持续获利，而是通过深思熟虑的细节设计或更贴近用户需求的创意来赢得竞争和吸引客户。或者用更强效、新颖或人性化的方式来重用现有产品组件。（但请限于在组织内部开展，谁都不想泄露商业情报而使自己沦为没鞋穿的皮匠的孩子。）

在运营上通常有一个重要的假设：商业的主要目标是说服人们愿意花钱买买买。即便是免费的服务，也要在其中见缝插针地为其他付费的销售做广告宣传，或者让服务也在交易中分一杯羹，这才能保证有源源不断的收入。这个重要假设已经渗透进西方文化：有一个庞大的群体被广泛地称为“消费者”，传说他们日日夜夜时时刻刻都在购物。或许我们可以在这种消费主义之外另辟蹊径。

谨慎选择目标客户

做方案规划时，最后会讨论一个重要的问题：“我们对这个客户群有多关注？”比如，这样的客户群我们组织或许以前从来没有遇到过，以后恐怕也不会再见，彼此之间并没有长期关系。那应该故意忽视这种只出现过一次的人吗？在所有度量中，他们占据的百分比是多少？虽然很难放弃一个很喜欢的客户，但当前把产品发展方向押在他们身上并不是一个明智之举。尽管如此，这样关于目标客户的讨论也是有益的，需要对自己有坦诚的交代。有多少组织一蹶不振就只是因为不愿意花点事情来搞清楚自己的服务对象？

如果某个群体在整个客户群体里现在还属于少数派，也不必马上中止或放弃任何一个好的想法。如果这个群体是我们未来想要关注支持而且整个组织的投资是有意义的，何乐而不为？我们只是恰好在最新的战略中打了头阵而已。有选择地放弃对现有一些群体的关注，能让我们把更多精力放在最想发展的客户群上。

不要只解决表面问题

如果组织想要评估产品对人们的支持程度，尤其是想要定期评估的话，或许有不少数据能表明产品所带来的变化和影响。如果数据大体上呈上升趋势，似乎标志着业务正沿着一个令人鼓舞的方向发展，而客户貌似对产品也很满意。但是这些度量指标忽略了一个事实，人类的第二天性是适应——换句话说，人们通过自我调整来适应并不完美的环境和工具。所以，这些度量只是表明人们把这些产品用起来了，或者通过一些权变措施让这些产品继续留存在他们的生活中。

很可能错误在于之前定义的场景太老套了。人的行为内因很复杂，也非常容易受不同系统、理念和他人影响。人们受生物本能驱使，针对同一个产品可能有各种使用方法，所以千万不要假设每个人都有相同的动机或采用相同的策略。试试运用受访者告诉我们的真实场景来代表这些错综复杂的生态系统。用一些常见的边缘案例来扩展这些场景，再试着从整体上而不是分散地解决其中每一个问题。

案例：给侄儿一张迟到的生日贺卡

在安卓系统的“果冻豆”版本中，有一个“天气”小部件可以拖放到主屏幕上。这个部件可以显示时间和日期，如果通讯录里有人这天过生日，它还会显示一个小小的生日蛋糕图标。看上去，设计这个部件的工程师认为我们能记住这天具体是谁的生日，所以呢，这个蛋糕图标并没有标注寿星的名字。

如果我们的通讯录里人多，根本想不起来这天是谁的生日，还可以打开另外一个日历应用来查找。事实证明，这是侄儿的生日，所以我们决定寄一张迟到的生日贺卡，还有一份小小的礼物。拿出一张贺卡，写了一小段话，忽然意识到还需要查一查他的地址。而日历程序上的注释并没有关联通讯录。然后只能打开第三个应用“通讯录”，查找侄儿的家庭地址再写到信封上。这三个程序没有一个把生日信息直接链接到其他有用的数据上。

这个场景就是一个典型的例子，人们开发这些应用程序时并没有从不同的角度来考虑问题，而只是从自己的角度出发，在自己的生活里他们当然记得这天是谁的生日。

牢记自己是在为谁解决问题

不可避免的是，我们经常发现自己置身于这样的场景，有人脱口而出笼统的陈述：“所有人都用关键字来搜索，所以对于电子邮件，我们也这样搞吧。”此时我们应该抓住机会追问：“究竟谁是‘所有人‘呢？这件事情哪些人会受益呢？”这可以帮助周围的人睁大眼睛先看看，然后再做决定。可以更准确地描绘具体是哪一部分受众，什么时候，为什么，这些都是我们关注的重点。

提示 留心下列短语

当在我们的会议室里听到这些话时，请把它们置为红色警报。

- 所有人都这么做。

- 这么做更容易。
- 这么做更好。

在政策、服务和产品方面，尤其是文案上，我们所创造的产品也许很容易让人误解。对事物的描述或者对目标客户的分类和定义——这些都可能让人感到不快。此外，对某些类型的人群缺乏关注会使这些人产生情绪反应。即使他们并没有因此而拒绝我们，这也并不值得庆幸。他们可能只是暂时“没找到其他替代选择”而已。

例如，易趣的一个用户可能向来热衷于刷货。在一个不活跃的时段，她碰巧从一个城市搬到另一个城市。她的固定电话和电子邮件都变了，之前她没有为账户注册手机号码。易趣上的密码重置功能依赖于以上几个参数至少一个保持不变（图 6.7）。易趣公司要么根本没有考虑过这种特殊情况，要么认为这个场景不够重要并不需要解决。接下来发生的事情当然会让这位易趣用户感到被忽视、焦虑、挫败以及不知所措——而这些都不是易趣想要给用户提供的体验。

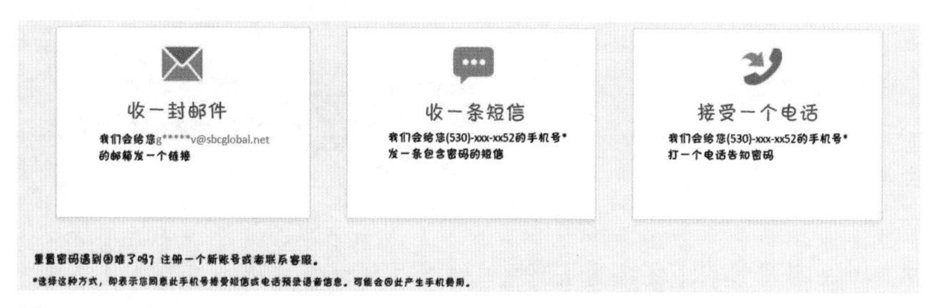

图 6.7

如果用户已经搬家并且有了新的电子邮件地址和手机号码，易趣的密码重置页只会让用户对客服支持热线的长时间等待感到恐惧，或者更糟的是，不得不失去所有历史记录和信誉来建立一个新的账户

而且，在这种情况下追加额外信息也并不见得就能缓解用户的负面情绪。“这些联系方式都失效了而没有更新吗？请拨打这个号码。”不要把这个用户发配到一个带有“联系客服”信息的通用页面，在这个页面中，这些文本暗示她的安全处于风险之中。此外，也不要把这些归咎于用户“有困难”或者表指出他/她可能“需要更多的帮助”。这些短语实际是在暗示这个用户不够聪明，完不成想做的事。“密码重置无效？”或者

“我们怎样才能帮助你？“这样的问句，暗示错误在于提供的服务，而不是用户，这才是我们想要的态度。对这个问题主动承担责任，才不至于引起负面情绪或反应。

为最终客户解决问题

当下许多组织为一家公司制造产品，然后这家公司用这个解决方案为他们的客户提供服务。很多这样的组织已经开始尝试将重点放在终端客户上，而不仅限于关注直接购买产品的客户。这就意味着需要进一步了解这些终端客户的行为模式——这一步骤有时会让直接客户感到不安，可能担心组织绕过他们而直接联络最终客户。有时，这种情况需要与直接客户一起合作，以便更好地了解最终客户。要帮助这条产业链上的各方识别和区分这些行为模式各异的最终客户。

小　　结

做产品和服务时，我们可以从理解不同人的行为动机模式中获益。根据行为的差异和相似划分出行为群体。不管我们是否直接负责为组织提出创新想法，无论如何，在这件事情上我们并不是一个人在战斗。创造新的想法并不断打磨成形它们需要和同事一起集思广益。作为一个娴熟的倾听者——作为一个为目标受众行为模式代言的人——我们完全有能力促进与他人的合作。了解团队成员的背景，并帮助每一个人自信地抛出自己的见解。用我们的同理心思维模式来支持每个人。向人们展示如何放弃固步自封，坦然地让其他参与修改和调整想法，用这样的姿态持续保持团队协作。

寻找模式

- 快捷方式：从记忆中提取模式
- 丰富方式：在书面汇总中归纳模式
- 一次看一份汇总

- 注意力集中在哪些难题上
- 评估信心

根据模式建立行为细分

- 基于行为动机模式为人群分组
- 先建立行为细分，然后可以考虑塑造角色模型
- 让角色轮流演出

激发创意

- 提醒自己组织的目标使命
- 从描述模式开始
- 使用第一人称“我”
- 不要虚构场景
- 聚焦于推理模式，不要以偏概全
- 用笔记记录想法
- 测试一下我们有多少同理心

解决更多问题

- 探索各种组合
- 探求长久持续的发展方向
- 牢记是在为谁解决问题
- 为最终客户解决问题

当老板向我们提出工作要求时，
请花心思找出他真正想要达到什么目的

第 7 章

在工作场景中应用同理心

似乎每隔一段时间都会出现这样早晨，我们雄心壮志刚要开始工作，结果却遇上一个同事对某件事的处理方式而大发脾气，又或者是某个领导要求我们放弃手头一切工作转去干其他事情。原计划下班之前能取得的重大进展全都泡汤了。我们还得花时间去理解最新变化、政治潮流以及去八卦整件事情其他人怎么看怎么想。这是不可避免的——我们每天的大部分时间都在与其他人互动。①这点是永远不会变，因为组织是由人组成的。最好是选择接受与我们共事的人身上的人性，而不是期望他们克服人性发挥出惊人的效率和生产力。

工作进展不顺利，在所有原因中，至少有一小部分原因是组织上下不同层级的人并没有花时间去理解彼此。例如，如果一个同事闹脾气，原因通常在于其他人不理解或不欣赏他的想法，或者因为另一个人侵犯了他的决策领域。然而，每月的生产力报告关注的是每个人所完成的事情，而不是这个人与其他人的关系如何。合作能力在每年的绩效评估中可能只占一小部分。但是，在工作中赢得人们的信任，理解是什么内因驱使着人们行动，从而决定自己该说什么，应该要求什么，如此等等，都需要同理心。了解同事的行为动机，然后根据这些知识来决定我们自己的行动，这对工作效率是至关重要的。同理心不会让我们达到超人的水平，但它至少可以减少工作进展不顺利的频率和持续时间。

除非花时间去发展，否则我们无法运用同理心。只有在工作中对周围的人产生同理心，我们的理解才会改变自己看待事物和与人交谈的方式。同理心提高了我们的意识，并潜移默化地改变着我们的想法。

与人合作

我们很少能在工作中选择与谁合作。无论是否与别人一起工作过，同理心的思维模式可以让我们采取一种深思熟虑的方式来和共事者相处。为了在工作的时候能依靠队友，我们需要建立起人与人之间的相互信任。

① 商业期刊（例如《美国商业周刊，全面质量管理》）和咨询师（彼得·德鲁克和爱德华·肖）在衡量白领生产力的过程中反对“浪费时间”。管理系统的设计动机是识别这些差异并试图消灭它们，就像在密集劳动型企业和大型制造业中所做的那样。

我们需要意识到别人的情绪反应，从而发现和解决困难的根本原因，而不是来来回回地抱怨连天，或者选择更糟的处理——避免与他人的交流。

当工作环境中普遍缺乏同理心的时候，在这样一个破碎的企业文化中工作，每个人都会感觉很糟糕。或许一个人尝试着做正确的事，却只能眼睁睁看着一切开始失控。甚至可能一开始就没有任何控制。也许是因为没有人有控制权，或者拥有控制权的人似乎不想花时间倾听。当这种情况发生时，很多人因为糟糕的合作而放弃了项目、工作甚至事业。希望这样的事情不会发生在我们身上。

持续倾听

如果花一部分时间来认真倾听，消化和吸收同事的动机和意图，就能培养出我们所需要的同理心。因为会在我们的工作中反复遇到到同样的人，所以倾听将是一个持续发生的项目。这样的倾听也是非正式的——一旦有机会就倾听（图 7.1），但不要（和每一个人相处时）总是把自己放在“倾听模式”中。而且，作为提醒，“每一个人”意味着需要在其他同事隔离开的环境与另一个人一对一相处。即使有面对面的机会，但还有其他人在场，请继续等待至自己和这个人有私下谈话的机会再好好倾听，也可以在电话中寻找倾听机会。原则上也可以通过电子邮件进行倾听，只要语言描述得当，就不至于被对方误解。

了解与我们日常互动的人持有哪些观点，会帮助我们调整自己交流和合作的方式。我们的目标不是说服别人采纳我们的意图，而是让同理心影响我们做事和交际的方式。另外，要意识到我们对别人说了什么。记住第一个原则：如果我们想开口说一些消极的话，先让自己说一些积极的东西。中立的心态会帮助我们认识到每个人的意图，并努力改善人际关系——虽然不一定是朝着彼此喜欢的方向发展，但一定是朝着能够最大限度发挥每个人作用的方向前进。

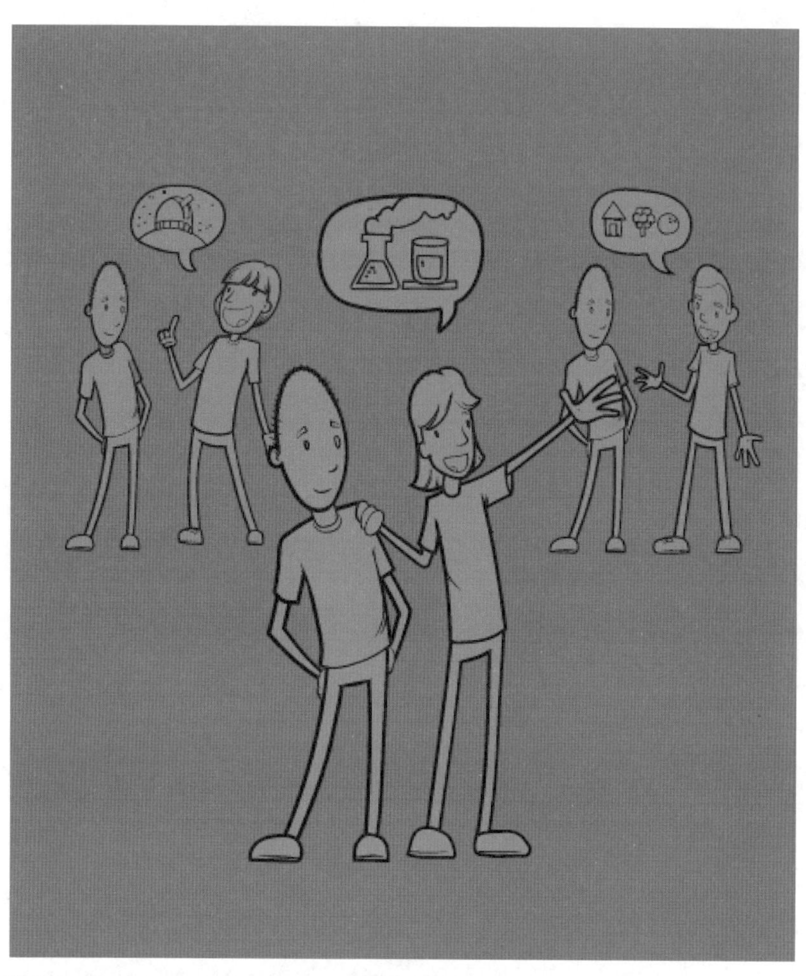

图 7.1
抓住每个机会倾听同事的私想

提示 轮流倾听

可能出现有两个人同时对培养同理心感兴趣。然而，当两人都同时试着倾听对方的时候，效果并不会很好。如果一个人试图理解对方，对方同时也在尝试理解这个人的时候，谈话很可能会变得肤浅和犹豫，甚至会陷入争论。可以商量谁在听这个时段倾听，之后在彼此转换角色之前有一个中断，休息时间让两个人都有时间消化之前的谈话内容。

同样的方法也适用于项目上的利益相关者和客户。通过倾听找出他们关心和担心的事。深入挖掘他们的要求或反应背后的原因。事后平衡的回报自然会告诉他们，我们清楚在倾听时段里面自己在干什么。我们越是表明多想深入了解，他们就越是回报给我们信任和尊重，继而会像同事一样和我们紧密合作。

成为同理心的传粉者

蜜蜂和蝴蝶为花朵授粉，让植物结出果实——然而，蜜蜂和蝴蝶并不认为自己是传粉者。它们更感兴趣的是孜孜不倦地访问每一朵花，只是在访问过程中，碰巧在一株植物上沾上一点花粉，然后又传播到另一株植物上。授粉和与人合作在某些方面是相似的——传播我们和其他人所发现的东西，让所有人都可以得到成长。这个需要传播的知识是我们与组织所支持的受众一起发展的同理心，如果能广泛传播，其益处有望进一步发扬光大。

和传粉需要访问花朵类似，传播同理心知识的关键是去访问人，无论形式是现场拜访还是远程访问。有些组织遵循以文本报告的传统形式来传播知识，但事实上我们的同事不太可能去读这些报告。然后有些组织又将报告的内容以其他更酷炫的形式重新包装，比如拍成视频，但同样的问题仍然存在，人们可能根本就不看。除非我们的同事提前得知这些内容的价值，否则不会为之花时间。不能通过把一份报告发放到每个人办公桌，就期望大家对某件事的兴趣油然而生。[①]传播知识显然是需要人类参与的活动。

有各种各样的方法可以把知识传播出去。可以考虑时不时地精心安排一场社交活动，让组织内部员工和业务所服务的受众接触攀谈。也可以在公司会议上做一个简短的演讲。可以利用和团队成员单独喝咖啡或午餐的时机，还可以和不同部门的其他人打个简短的电话。以上每一个都是

---

① 2013年4月8日发表于《快公司》杂志和网站，文章标题“脸书移动用户体验测试团队的秘密”，作者卡萨诺（Jay Cassano）。脸书前研发经理波尔特（Nate Bolt）说：“我们试图永远不提交任何报告……因为报告自己不能参加会议，报告也不能自己发言说明其中的要点。”

利用已经收集到的故事来帮助他人培养同理心的例子。[①]

无论决定用哪种方式来传播知识，都需要记住，在组织中通常有许多人只关注怎么让产品或服务工作得更好，而不是业务的受众如何用它来达到他们原本的目的。分享知识时需要清晰地让同事了解到关注的焦点是人，而不是产品。如果听见别人在项目任务报告会上重复这些我们曾经耳闻的事实，不要觉得惊讶，“我们已经完成了所有的研究，并没有任何关于我们产品的新发现。但是，在公司工作了25年之后，现在我可以从全新的角度来看待我们的客户。”[②]

如果我们素来性格内向，或许害怕和人面对面，那就不要站在对方面前，不妨一起坐在在桌子旁，或者邀请对方共进午餐。总之，选择一个个人感觉舒适自在的环境来和别人聊天。如果一心想从别人那里学到东西，就让激情点燃我们性格中固有的沉默，作为倾听环节中获得概念的传道士。我们并不总是需要站在一个满是人的房间里，对着黑压压的一群人大声演讲。

把自己当作组织的共有资源，我们的言行代表内部和外部的服务受众。当我们一张口，这些受众的共同声音就会自然发出来，就像富有同理心的护士站在病患的角度往往能提出医生不曾想到的贴切建议。一些令人惊讶的东西催化了一次全面改革，相信我们都听过很多这样的故事。把这些故事传播到部门的每一个角落。这是一个本职工作之外不错的副业，会让我们接触到越来越多的人，这些人会记住我们曾经对他们施以援手。

带领团队

如果我们的角色是团队经理，就有责任培养团队的创造力。创造力和新点子对组织成功的影响可能比单纯的生产力更为重要。数字产品、上门服务、制定方针、设计流程和书面写作都依赖于原创性、功能性、持续性和

---

① 许多公司通过举办演讲来把他们对人的了解分享给其他更多公司使用。第一资本（CaptitalOne）、通用电气托管方提供商 Rackspace 和雅虎！都已经开始了这类知识共享的项目。

② Manifest Digital 公司迪迷切尔（Patrick DiMichele）关于用户可用性的工作报告。

人情味，而不是简单的时间一到就可以功到自然完成。生产力本身是管理者关注的核心问题，但管理者的本质是依靠他人的人力来生产东西，而依靠人类脑力劳动的管理者就更有责任去培养人的创造力。创造力依赖于积累知识，分享观点，让灵感像火花一样迸发，大家一起出谋划策。为了让团队团结合作，我们有责任通过以身作则和单独指导的方式来教团队成员建立良好的关系，培养和增进彼此之间的信任。

更多持续倾听

在领导岗位上培养同理心意味着我们要了解团队中每个人的行为动机及其日常决定的动机。这意味着要知道什么原因可以造成团队成员注意力分散或全神贯注。作为领导在工作中应用同理心，意味着谨慎地选择得体的话语，尽可能不要伤害到别人；根据别人脑中的观点和目的来提出合情合理的要求；为每个人指明一个能提高其技能或认识的方向。

为了实现这个目的，可以和团队中的每一个人定期进行正式的倾听会谈。培养同理心来加强团队合作，是领导与团队之间谈话的重要议程之一，只要能够通过倾听实践让团队成员明白这一点，非正式的和不定期的会话都可以。像往常一样，在倾听会谈中，我们需要保持中立，让团队成员来主导讨论。我们可以给出宽泛的指导方针作为开场，但需要提醒自己克制，要一直努力理解这个人的行为动机，而不是解释我们自己的意图。尽量不要让自己的冲动打破这种中立。

随着时间的推移来衡量人员培养效率

和商业调查不同的是，由于不需要在团队成员之间进行比较，所以不用对员工倾听环节中的概念进行总结和提炼。然而，在每一轮倾听之后，对这个环节的小结可以作为一个衡量标准来检验每个团队成员的变化，以此来衡量自己的人员培养效率。根据记录中所显示的进步，我们还可以有意识用量体裁衣的方式来改变对每个员工的支持方式。

案例：新的项目领导

在一家小型生物技术研究公司，主管季芸（Jiyun）提拔了一名员工瑞克（Rick）来担任一个项目的团队领导。这也是瑞克第一次当团队领导。之后不到两周，季芸从瑞克的团队成员那里听到需要她的干预。在团队成员看来，瑞克明显是像对待仆从一样对待团队中的其他成员，总是因为人们没有做他所期待的事而恼怒，他还拒绝做那些不适合他的工作，对团队成员也遮遮掩掩，缺乏沟通，推脱任务，而不是和团队一起工作。换句话说，他根本不是在领导这个团队。团队对此感到相当不满。

季芸脑海里冒出的第一个念头是马上接管团队，因为由她来领导会更容易。她可以对瑞克说："这就是你的领导方式。来看看我是怎么领导团队的。"然而，她意识到这个解决方案并不能真正帮助瑞克成为一个领导，更糟糕的是，这可能会让他尴尬。另外，她还没有听到他自己关于这件事的说法。因此，她要求与他会面，讨论他在团队中的领导能力并保证在他们面谈之前瑞克有充裕的时间把自己的想法和怨言整理清楚。

在面谈中，她首先感谢他之前取得的好成绩。然后她问这个项目进展如何。在保持中立态度的情况下，仔细倾听瑞克的叙述。事实证明，瑞克感到重担压得他喘不过气。他说，团队成员不听他的指挥就贸然行事，错误百出，他不得不花两倍的时间向团队成员解释他到底需要什么。他说，他的团队工作效率不高，而且经常给他带来一些麻烦，使得他的工作量"急剧增加"。他最终不得不选择事事都亲力亲为。

文化

团队文化比较微妙。一方面，如果每个人都喜欢一起工作，创造力和生产力都会得到提高。另一方面，如果文化过于单一，就会导致群体思维：在本群体的共同观点之外，对其他外来观点漠不关心。它还会导致排斥甚至彻底歧视持有异见的人。[①]

① "'文化契合度'是科技行业中边缘化女性的一个糟糕借口"，Valleywag，2013 年 8 月 23 日。

季芸意识到，瑞克情绪激动，远远超出了她的预期。也许对于一个新上任的组长来说，她给他分配的工作确实太多了，而交工的最后期限又很紧迫。在她的回应中，她开始承认他确实承受了太多的压力。她为之前没让他从一个缓冲期或少一些的工作量起步而道歉，如果那样或许他更能找到平衡。尽管项目交付和最后期限对公司来说很重要，但她向他强调，从长远来看，他作为团队领导者和引导者的角色更有价值。她还告诉瑞克，她不想介入，也不想以任何形式参与这个项目。领导这个团队是他的责任。她希望每隔一天与他会谈并讨论他在这个团队中作为领导角色的发展情况。

在下一次会议中，瑞克提出一些关于流程的不错的想法，并询问了其他团队成员的需求和角色等方面的问题。他问，当人们问他难以回答的问题时，他应该如何回应。季芸很高兴地看到，他正在开始思考自己作为一个领导者的角色，而不再认为所有工作自己都得事必躬亲。他们一起讨论了他提出的这些问题的答案，就这样，会谈在非常积极的气氛中结束了。

第二天，当季芸在公司大楼中穿行的时候，她注意到瑞克和他的团队正在休息室里讨论一个项目。她可以从他们的面部表情和肢体语言看出事情进展得比之前更顺利。当天晚些时候，她问一些团队成员情况如何。“就像黑夜和白天的差距一样，”他们说，“我不知道你对他说了什么，但这是100%的截然不同。”季芸很高兴她在这种情况下依然保持中立态度并耐心地听瑞克讲述来龙去脉。她很高兴自己给了瑞克足够的自由度，让他自己思考得出如何领导这个团队的想法，而不是直接告诉他该怎么做。逆转后，他充分展出出优秀技巧和行为——正是季芸把他提拔为团队领导的初衷。

为了避免落入这个文化同质化的陷阱，需要深入探究人们的这些偏好和观念。有时在指导原则之中，往往能发掘出比浅层次偏好和观念更多的根基层次上的共性，鼓励人们找出更深层次的联系。

或者，每个团队成员背后可能都有不同的指导原则。一个诸如“如果找人帮忙，请不要向施助者施加太大的压力”的指导原则，可能就是造成两个同事之间关系紧张的根源。被求助的同事感到有压力，基于他的指导原则而潜意识地不得不把压力回推给寻求帮助的人，所以他可能想知道:“这件事真的生死攸关吗？每件事你都描述成一场至关重要的危机。”将指导原则上的差异发掘出来，有助于另外一位同事用不同的方式来寻求帮助。

通过弄清楚背后拧着发条让各位团队成员如时钟一样靠谱工作的动机，我们就可以建立起团队文化，让置身于团队文化中的成员获取他们所需要的认知和情感支持。团队文化不是一声令下就自动产生的。[①]

理解上级

组织中的高层领导可能对大家共同努力的方向有清晰的规划，但他们是否清楚地向所有人传达了其中的深度和理念？在大多数情况下，他们已经清楚传达给了直接下属。但是，一旦信息沿着层级向下传递，常常会逐渐丢失重点信息的清晰度和深度。就像小时候玩的传话游戏，朋友们围成一圈，逐个耳语传递一个信息，信息的准确性取决于沟通技巧和每个人对自己假设的认识。在某些情况下，高层领导并没有明确说出他们的决策动机，但悟性高的直接下属会代表公司里的其他人探寻答案。也有这样的情形，整个组织中没有人能够真正说清楚这些决策的动机。

探索意图

无论我们在公司的层级中处于什么位置，理解一条指示后面的潜在目的都非常重要，这有益于提高我们自身的创造力、创新能力和团队合作能力。如果自个儿理解不了某个组织决策背后的原因，就要仰仗于我们的职业地位去找到答案。假设我们自己就是做指导性决策的人，写下决策背后的原因和指导原则将帮助我们清楚地传达这些更深层次的意图。

如果我们不是决策者，就需要向上级寻求答案。组织中的决策者可能难以接近。[②]现实中，可能有一些规矩允许哪些人可以占用高管的时间，使

---

① “关于员工参与”，Meld 工作室博客“我们的想法”，2014 年 7 月 17 日，www.meldstudios.com。

② 更多详情可以参阅《这是我们的研究》第 1 章，作者香农（Tomer Sharon）。

其免受不必要的细节打扰，很多细节应该交由他/她的直接下属处理，所以要找到合适的人选来了解更深层次的原因。

可以从这样的问题开始：“为了更好地支持这个<此处插入具体决策>，你能告诉我更多相关决策背景吗？”如果这样的探索收效甚微，则需要对决策者关注及其面临的风险提出疑问。如果得不到答案，就需要游说更高层的人去收集答案——那些更接近高管的人。这样的知识对每个人都至关重要，因为直接关系到人们是否能以最好的方式支持自己的组织。

高层决策者关心的是整个组织的寿命，这正是他们的职责。对他们来说，深刻理解组织所支持的受众往往是次要的；反过来，对我们来说，了解组织所支持的受众是最重要的，而组织的成功和持续发展是次要的。对于我们所追求的每一个目标，都有必要的细节来实现。组织一直靠实现这些细节来不断逼近目标，这可能是一个持续不断的过程，也取决于组织每年的变化。与决策者保持倾听模式可能使我们受益匪浅。

最后会发现，我们是在理解领导者做这些决定的原因，而这也将改变我们自己的工作方式（图 7.2）。

图 7.2
除非决策背后更深层的原因有清晰的解释，否则即使是向着同一个目标，人们也可能“用力”不同

往回推一把，不是反叛，而是合作

我们希望组织成功，让组织支持的受众从中受益，而我们可以继续在组织中工作。从决策者那里得到任务时，尽可能深入理解，这是有意义的，能使我们的工作产生最好的结果。通常情况下，对工作要求的理解仅停留在表面意思上，做的假设也停留在一般性讨论中。相关的构思和工作仅仅围绕着任务本身展开，没有多少更进一步有广度和深度的见解。就像之前提及的中国皇帝的故事一样，较之打造通天塔，修筑运河系统这个工程更能鼓舞民心，振奋士气。深入理解的能力比普通执行能力更强大。同理心的思维模式并不专注于自己或自己的能力。

不妨捅一捅我们接到的每一个任务，了解它的动机。也许决策者要求我们写一份关于特定话题的时事通讯稿。为什么用时事通讯的形式？他的目的是什么？找别人问问，进一步了解这项任务的动机等相关信息，这并不代表不尊重，而是一种合作的姿态。我们可以讨论这篇时事通讯背后的意图，探寻什么因素可以支持他们的目标。这样做是出于对决策者的服从和尊重，决策者提出的任务自有他的道理，而我们却可能得出不同的结论。我们需要设想更丰富的方法来表达决策者想要传达的主题。我们作为团队的一员，基本工作就是让组织所支持的受众获得成功的同时组织也能获得持续成功。

了解自己

与他人一起工作时，我们自己的反应和表达常常会产生意想不到的后果，牢记这一点是使用同理心时最困难的部分。当然，要完全抑制自己的反应必然是徒劳的，但我们可以把那些引起自己反应的环境和触发条件作为重点理解的目标。有时，哪怕只是简单把它们识别出来，也能帮助我们降低它们对自己的影响，从而把我们意念转回到本来应该关注的中心。这可以帮助我们以更清晰的方式与他人交流。

正如孙子所说，为了避免危险，一半的功夫应该放在了解自己之上。我们如何解开或破译自己的动机？一种方法是如同倾听别人时一样，试着在自己的行为动机中寻找相同的三种东西：想法、反应和指导原则。看看我们说的是一种偏好倾向还是一种个人观点，识别其中的臆测猜想。试着辨认我们什么时候在泛泛而谈，什么时候在详细描述。运用这些度量标准，我们会对自己表达给别人的话语有更多的认识和反省。我们可以在与别人对话时把更深层次的想法放到描述中，使交流的意义更加直接明了。

注意 故曰：知彼知己，百战不殆；不知彼而知己，一胜一负；不知彼，不知己，每战必殆。[①]

——孙子，中国古代军事家，战略家，哲学家

另一项需要发展的技能是，当另一个人在与我们的互动中产生情绪反应时，我们能够觉察到。这种技能的培养难度更高，首先因为这种情绪反应发生在和我们一起工作的人的讨论过程中，所以我们自己可能会因为尝试练习而感到焦虑或尴尬。其次，在对方表达自己的情绪后，我们的察觉总是至少要慢几拍。一旦意识到对方情绪，我们便可以趁此机会放慢速度，询问对方的情绪。如果需要，允许他从这种情况下抽身而退，话题延期再谈。觉察到他人的情绪反应可以帮助我们管理与之互动的方式。[②]我们要有更充分的准备让自己的沟通交流走上正轨。

最后，在人际关系层面来审视我们的意图。自己是作为团队成员参与进来，还是想要成为一群人中的佼佼者或领头羊？一个恰当的类比是在管弦乐队中演奏乐器。我们的演奏大部分时候都是在配合另一种乐器，在整场演出中不同的乐器转换角色并轮流担任主角。尽管如此，所有的演奏者都专注于音乐为观众创造的魔力和情感。如果我们更喜爱体育运动，用团体运动来做比喻也同样适用。我们总是把球传给合适的人来帮助球队得分。了解我们的队友并在轮到他们做事情时鼓励他们——这是在互动过程中表现出来的同理心。这种同理心不仅有助于团队成员之间的互动，也有益于在组织内部各个部门之间的互动。

技巧练习

在工作场所中的人际互动中，我们需要带有更强的目的性，不论我们多

---

① 维基百科上“孙子兵法”相关词条，2200 多年前孙子的著作。

② “认知疗法”心理学实践引导病人建立这样的认知：想法会引发情绪，而情绪也会反过来引发想法。

么希望它发生，都不可以急于求成。需要根据以下实践中的想法多做一些尝试。

练习 1：了解自己

倾听自己是另一种练习同理心思维模式的方式，通过这样的练习，我们可以像倾听别人一样对自己有更多清晰的认识。此外，一旦察觉情绪反应对自己想法产生了影响，我们可以更容易察觉和识别别人的情绪波动。

这是一个练习自我意识的机会。想想最近发生的哪些事情进展不顺利。事情可能比预期更糟，或者更好，或者只是朝着不同的方向发展。不一定非得是重要的事件，任何事情都行，比如听说了一些令人惊讶的家庭轶事，或是遇到了不同的意见，或者不小心弄坏了什么东西，再或者在餐馆遇到了一些麻烦，等等。

在一个空白的页面上画出三栏，并把这三个标题放在每一栏的顶部：想法、反应和指导原则。然后尝试尽量多回忆细节，并随着事情进展写下内心的思考过程。不需要按时间顺序排列。

如果我们愿意，还可以为其他类型添加几栏：“观点”“偏好”“解释”“泛泛而谈”“消极行为”和“臆测”。看看我们所想和所说的内容中哪些部分应该归入这些部分。在这些栏中有“对号入座”的内容也不算坏事——仅仅意味着我们下回在遇到这样的事件之前需要根据这些条目挖掘出更深、更清晰的自己。我们的关注点是把更多概念放在“想法”“反应”或“指导原则”这几栏中。

案例故事：“当事情进展不如预期那样顺利时”

那时候，迈尔斯（Miles）是一个研究团队的成员，只不过他的背景是视觉设计。这个研究团队是由两家公司合并之后组建的，而且迈尔斯很高兴能成为团队的一员进一步探索公司所服务的对象。迈尔斯已经安排了一次倾听客户的议程，这是他第二次使用电话会议系统。他第一次使用会议系统是一次迷茫又沮丧的不快经历。幸运的是，团队中的其他成员也参与了第一次电话会议，帮助他录音，于是迈尔斯可以专注于客户而不是解决电话会议技术问题了。然而，在这个特殊的日子里，没有团队其他成员参与进来并加以援手，尽管之前他们答应过要来。他开始担心自己最终会因为搞不定会议系统而给客户带来不便。

之后，他列出当时的想法和反应，帮助自己看清自己的情绪。这些内容还向他显示，在行动中他确实在按照自己的原则行事，这也有助于他重建自己的价值感。随着一大早事情顺利展开，迈尔斯脑海中出现了图 7.3 所示的内容。

想法

- 需要决定，作为电话会议的主持者，如同一辆车的司机一样，我有权决定是否和客户继续这场电话会议。
- 选择打电话通知客户会议改期举行，因为我不确定自己能搞定这无价次电话会议的录音，一个这样倾听客户的电话会议没有录音是毫值的。
- 向客户解释这是个临时的录音技术故障，以免客户认为我们不专业。
- 让其他团队成员知道我已经把这次与客户的电话会议改期。

反应

- 感到恼怒，因为其他团队成员没有如约出席这次事先计划好的客户研究电话会议。
- 对自己主持客户研究电话会议有足够的自信，但对搞定电话会议系统没有信心。
- 感到尴尬，因为在这之前我没有花时间来消除自己对这套电话会议系统的不安全感。
- 感到欣慰，因为客户宽容地接受了改期的建议，而且我们对新的日期和时间达成了一致。

指导原则

- 处理这样的情况，而不是放任它自行发展。
- 珍惜客户的时间。
- 和客户交谈时，必须以专业范来代表公司，不浪费客户时间。
- 答应了就一定出席（也理解这也不是总能做到，毕竟总有临时有事的情形）
- 为出现的问题买单，如果这是使事情变得顺利或防止情况恶化的最好方法。
- 坚持个人立场

图 7.3
这是迈尔斯在事件发生的那个早晨写下的清单，当时事情没有按计划进行。这样的清单让他对自己处理事情的方式感觉更好

练习 2：开始理解我们的决策者

如果想要更深入地了解工作任务的目的，我们需要听听决策者的理由。我们需要找到合适的方法来要求澄清。可以直接从决策者（或从他的直接下属）那里了解，或者在公司层级中往下找其他人来澄清（如果决策者成功向他们解释过的话）。不要因为对高层领导的假设进行猜想而止步不前。我们需要理解目的，以便以正确的方式做出最好的工作成果，以支持决策者。

1. 列出提出工作要求的人。他们不一定非得是我们的直属经理，尤其是经理如果只是一个“传声音”的话。如果不知道他们是谁，就要开始打听。
2. 从同事那里了解一下决策者是否愿意向其他人解释工作要求的详细目的。需要了解决策者中是否某位有闭门拒客的习惯，看看怎么调整自己的期待以及其他人的经历。
3. 了解决策者平时都在哪里工作。如果工作地点和我们相距甚远，那么要与他们建立合作关系，我们将面临挑战，因为可能需要依赖于远程会话。
4. 了解谁经常和这些人见面。这样做的目的是找出谁可能已经帮忙完成了我们的工作——询问决策者每个工作要求背后的目的（细节）。如果有人已经这样做了，我们就可以直接与这个人合作，但如果我们和这个人都遇到需要澄清的多个选项，那还是需要回到提出工作要求的那个人，要求他直接澄清。
5. 如果没有其他人找过决策者澄清，那么我们可以发布一个内部广告，说自己需要更深入的信息来更好地支持工作要求。最终可能在我们和决策者之间的某个层级找到合适的人来帮忙澄清，或者我们将有机会与决策者见几次面来收集更深层的信息。也有可能，因为种种原因我们所要求的澄清统统被拒。如果真的是这样，就继续用恰当的、具体的问题来询问工作要求背后的目的，向大家展示我们的确需要这样的信息来更好地执行这些工作要求。

6. 如果真有机会和职位高于自己的人谈一下，请事先了解一下他习惯于怎么安排会议。为会议做好准备，尽可能提前了解这位领导的所有信息以及他的观点和背景。[①]在这次会谈中，我们的目的是向这个时间有限的人了解他下达的工作要求是出于什么目的，所以可以先根据以前记录下来的信息事先了解他的想法。

小　　结

可以将同理心应用于工作中共事的人。可以从同级的同事、管理的下属以及从组织的领导那里进一步了解他们，以便拓展看待事物的方式，改变说话的方式，进而更好地支持周围的人，甚至于改变自己的想法。

与人合作

- 花一部分时间来倾听同事。
- 调整我们的语言。
- 了解对方的意图。
- 找出利害关系人和客户的关注点。
- 成为同理心的传粉者。

带领团队

- 与团队中每一个成员一起制定正式的倾听环节时间表。
- 培养创造力，让团队合作融洽。
- 观察每个人如何改变，以衡量自己的人员培养效率。
- 量体裁衣，适时调整对每个人的培养方式。

---

① 参见戈斯顿（Mark Goulston）和乌尔曼（John Ullmen）在《哈佛商业评论》上发表的文章“如何真正理解别人的观点”，发表于2013年4月22日，网址为blogs.hbr.org。

理解上级

- 找出每条指令和要求背后的原因和目的，这样我们才能更好地开展工作。
- 为了找到一个能向解释这些问题的人，在工作更高层级中搜索合适的人选。
- 往回推一把不是反叛，而是协作，以便讨论更深入探寻背后的原因。

了解自己

- 了解自己的情绪反应和触发条件能帮助自己集中注意力和提高沟通能力。
- 将自己所说的内容归类，是原因，反应，指导原则，还是观点，臆测，等等。
- 识别他人的情绪反应，以便检查自己的反应并保持顺利沟通。
- 当轮到队友上场时，尊重并支援他们。

同理心·练习有助于
我们了解组织的目标和方法

第 8 章

在组织中应用同理心

每个组织的存在都有一个目的：把一些东西带到这个世界上，使其有使用价值并有用户能够将它转化为资本。在这之上，许多组织的存在同时也是为了盈利。无论是否带有盈利目的，所有组织都在寻求自我维持，以便持续地推出有用的产品（服务）。在每个组织中，通常既有对目标的清楚认识，也有对可持续成功发展的关注。

说明　组织既关注成功，也关注可持续发展

> **成功**：使组织能够继续实现其目标，目标可以由利润、注册会员数、施赠、受人尊重、收到邀请或其他指标来定义。一个组织可能会反复改变业务方向来维持自身的存在。
>
> **维持**：帮助组织内部或外部的人员实现他们的目的，例如，获取需要的东西，做出更好的决定，理解不同选项，享受一些东西，感觉更安全，等等。

维持和成功并非相反的两个对立面，彼此都很重要，只是在利益上各有侧重。每一个都有自己的阴晴圆缺和兴衰成败。当成功和维持两方面发展都生机勃勃时，两者可以携手并进：持续发展的源头是组织上下运转良好（使其工作人员能深入理解他们的每个目标）。而这种状态与维持紧密联系，反过来可以确保成功。[①]

即使是在小规模的人群或团队中，这个成功/维持的框架理论依然适用。例如，一个业主委员会可能只包含 5 个人，他们的成功目标意味着让团队常年保持活跃，有积极的成员，并在需要的时候吸引新的成员。维持则是为他们提供协作、想法和讨论的场所，在这个场所里，委员会成员和其他业主都觉得他们可以在无人责难的情况下畅所欲言和做出贡献。与这种情况相反的是，如果这个业主委员会因为会议总是充斥着争吵、中伤和贬低而臭名昭著，就无法吸引新的成员加入。或者，在会议上贡献想法的业主并没有因为努力探索新概念而感到满足。因此，即使是像业主委员会这样的小团体也能受益于倾听和同理心，支持其成员并维持自身的长期发展。

---

① 约翰·波思维克（John Borthwick）说：“风险资本家判断一家创业公司是否会成为一家价值数十亿美元的公司，依据是这家公司是否能改变世界。”文章出自艾琳·格里菲斯（Erin Griffith）2013 年 7 月 10 日发表于 pandodaily.com。

站在组织角度来看

有时候，很难判断我们的组织是否对成功或维持有兴趣，这说明组织的目的可能制定或传达得模糊不清。

我们所寻求的远比某种积极性背后的动机要大；它是组织的整体发展方向——也是组织本身存在的理由。试着了解我们作为组织在做什么以及我们在为外部和内部的哪些人提供服务。

一种澄清组织目的的方法是回顾历史，追溯到组织的起源。在相关记载中，那时组织追求的是什么目标？对于那些已经有很长年头的组织，这个最初的目标在漫长的岁月中一定已经发生了变化。例如，在美国，20世纪20年代中期，最早发展起来的航空公司当时专注于在本地地理区域内获得美国邮政服务的航空合同，因为那时飞机可以抵达的范围是有限的。为了增加业务吞吐量，航空公司还增加了夜间航班。在这一变化之后不久，这些航空公司除了运输航空邮件，还开始搭载一些乘客。随着飞机技术的进步，航空公司的决策者想要飞更远的距离，最终他们建立了固定航线。这样，吸引的乘客比邮件更多。

随着航空公司的发展，他们的目的发生了变化。航空公司的早期目的是更快捷地把邮件送到目的地，让乘客安全抵达目的地。当时立法者还通过立法规定了邮件合同、航空安全以及使用机场的公平性。后来，人们把重点转移到乘客相关的设施和舒适性上，比如航空餐饮和更好的座位，因为飞机航线变长了。再后来，油价和劳动力成本的上涨又开始使航空公司把关注点放到增加每架航班的最大载客量上。有些航空公司专注于在较短的航线上提供廉价打折的、最低限度的服务。其他航空公司则专注于用会员忠诚度来留住乘客。2001年9月的9·11事件导致整个航空行业陷入低迷，使得航空公司进一步缩减服务，同时也被要求遵循“安全”流程，以免自杀式撞机事故重演。在这些因素的影响下，美国航空公司纷纷合并。现在，似乎一些航空公司的目的之一是让乘客在飞行途中全程分心，提供Wi-Fi、电视、杂志、购物、电影和游戏等各种娱乐设施，以及在航班起飞前不断向乘客通报最新情况。

另一种理解组织目的的方法是看营销口号。虽然营销口号并不一定代表组织的目标，但是这些口号是面向目标受众的。因此，营销口号很适合用来洞察决策者选择向受众传达哪些信息。它们也是一个指标，指示组织关注的焦点是产品本身，还是支持的受众。

“只溶在口，不溶在手”（M&M 糖）和“所有适合印刷的新闻”《纽约时报》都很好地描述了产品。“尽管去做”（耐克）；“伸出手接触他人”（AT&T）；“茁壮成长”（Kaiser Permanente 医疗保险公司）；“我已经跌倒，站不起来”（LifeCall 医学警报）都暗示着一个人的意图和相关的情感。

一个组织中的人有多强大，这个组织就有多强大。如果我们所有人都清楚地了解组织的目的和方向，想象一下将是多么强大的力量。我们每个人做出的每一个决定都可能是出于支持组织当前的目的，对那些看起来毫无意义的工作就会少一些抱怨。虽然公司的愿景大多数都难以实现，但对组织的目的怀有同理心可以实际产生微妙的差别。

如果我们能把握组织的方向，那么个人的决定和建议就可以朝着这个方向发展。

从小处开始改变

向组织内部人士提出建议时，有时会出现一些障碍。在一些事情上有人对现状感觉良好，如果改变这些事情会让这些人感到不安吗？著名的市场营销专家、作家和演说家高汀（Seth Godin）说：“领导者所面临的最重要的任务之一就是理解团队有多害怕把事情做得更好。”[①]所以，与其强调改变，不如把改变最小化，从小处开始着手。

有一些我们可以做到的小改变。

- 将维持方面的目标纳入年度目标内。
- 寻求问题的根本原因，而不只是对结构或方法进行修修补补。

---

① 2013 年 2 月 5 日，高汀的博客文章“我们不需要做得更好”，网址为 sethgodin.typepad.com。

- 在所建立的同理心基础上，转向一个稍微不同的方向。
- 不要让技术来定义项目。
- 不要过于关注方法或加快进度。

包括维持目标

带着同理心，我们就能如虎添翼地大力推动和维持相关的各种因素健康发展。例如，在组织层面上，或许最后一组季度目标都被写成成功方面的目标，而非维持目标。我们可以与制定目标的人合作以保证除了包含度量成功目标的关键结果，维持目标也应该纳入其中。①如果组织的营销口号并没有对维持目标做出清晰描述，我们也可以用类似的方法来改变营销口号。然而，建议改营销口号并不是一件小事，大型组织通常会雇佣一些专业机构来开发口号，我们也可以自愿加入评审委员会。

寻找问题的根源

当一个组织略显疲态时，决策者试图解决的问题之一就是公司如何运作——组织结构和流程。他们通常会根据当前的现状，在认为能起到杠杆作用的一些关键点上做出改变。如果不见收效，则说明或许是现有的组织结构不行。试着寻找根本问题，将同理心应用到组织实际运作中。

例如，如果根本问题是几个部门都想要“负责网站组件”，而负责网站组件的部门现在是新近成立的，说明这很可能是一个组织结构问题。纵观人类历史，关于一个群体如何实现目标，有无数个解决方案。于是乎，人类创造了很多很多个不同的结构，用以统治、贸易、战争和建筑，等等。其中一些结构甚至深受自然界的启发。例如，一个蜂巢包含一个单一的实体蜂后来指挥蜂群所有的活动。企业的等级制度在某种程度上是

① 更多详情可以参阅沃德克（Christina Wodtke）在 Interraction 14 演讲和博文中对 OKR 方法（目标和关键结果）的描述，网址为 www.eleganthack.com。文章标题分别为“执行者的童话”（The Executionet's Tale）和“OKR 的艺术”（The Art of OKR），发布时间为 2014 年 2 月 1 日。

由这种自然结构衍生而来的，即用等级体系来实现控制。是否能从其上或者其他历史中找到另外的结构，根据人类的自然倾向性来极大地激发彼此之间的合作呢？或者，在不太为人所知的环境中，是否有其他的方法，可以从中衍生出让人们协作的工作流程？像这样的思想实验可能会产生激烈的讨论，而讨论会促成一个小小的改变。

轴转

在新成立的组织和创业公司中，往往有迅速取得成功的巨大压力。这样的小团体通常会争先恐后地在实际环境中测试自己的想法，当结果不是那么让人欢欣鼓舞时，他们就会稍微调整一下前进方向再继续尝试。这叫“轴转”，意思是在使用积聚的知识来支持一个核心决策的同时，在一个稍稍不同的方向上迈出一步。这一知识的一个重要基础是我们对业务受众、对那些指导或资助我们工作的人以及对团队最佳合作方式的同理心。

不要让技术来定义项目

随着每一波硬件和软件发展的新浪潮，运用最新的技术，以此来助力公司发展总是那么令人兴奋。决策者讨论为这个平台或那个环境提供解决方案有哪些好处和优势。例如，他们可能会特别关注移动设备的位置感知能力或者移动传感器的感知能力。很遗憾，这意味着他们正在为 GPS 和加速度传感器构建解决方案。这往往也会体现在措辞中，“我们正在为 iPhone 开发一款应用，它基于最新的位置感知功能。”只不过，在产品生产出来之前，似乎没有人为之划上等号。

在讨论中听到这些措辞时，用我们的同理心思维来询问它背后的目的。产品服务的对象是人，把这个主题特别指出来。在发展同情心的同时，重复一些我们听到的事情。新技术能解决以前不能企及的一些问题，由此而来的兴奋感可以激发团队的正能量，所以也不要直接泼冷水而让大家泄气，而是简单地把这些想法磨得更尖锐一些，并转向正确的方向，将支持受众作为更重要的目的。[1]

说明 用支持的受众来定义项目

> 许多组织在定义新方案时，仍然以访问方式来命名新项目。例如，“这是移动应用程序项目”“这是公共售货亭的新意向”“这是我们为订阅而做的项目”。我们不妨优雅地把这样的命名倾向转个方向，在定义中直接引用业务所支持的受众。下一次，当我们说，“我们在为 Y 做 X”时，请绝对确保 Y 就是我们的目标受众。

不要太专注于方法和速度

由于种种原因，一个组织很容易深陷于自己现有的习惯和方法。自然而然地就跟着那些日复一日：按部就班的方法和步骤往下走，而不是停下来思考现有的这些结果是否合理和适用，或者想想是否能为新的场景使用不同的方法来处理。俗话说，手里拿着一把锤子，于是看什么都像钉子。许多团队自己确实有秘诀来保持工作方法能够做到与时俱进，这样就能适时反省当前工作的有效性。为了帮助团队跟上发展，可以定期问自己：“我们这样做是因为我们一直这样做吗？”

这些习惯中的一个具体例子就是组织是怎么制造时间紧迫感的。有很多原因逼迫着我们加快速度：成为市场上第一个吃螃蟹的；努力跟上竞争对手；在最后期限之前完成；充分利用有限的资金；遵守严格的生产计划或出货周期；等等。然而，世界上几乎每种文化中都有“欲速则不达”这样的谚语，赶工会导致工艺质量低劣，而这些至理名言经常被业务流程所忽略。我们不能让组织中现有的这些流程慢下来，但是可以引入新的慢节奏的流程。持续不断地收集故事，与组织的目标受众培养同理心，每隔几个月就研究一下现有流程——不慌不忙，工艺更精湛。在组织中其他工作正常进行的同时，可以增加一个慢频积累知识的例行任务。

---

① 参见卡巴赫（James Kalbach）的技术创新矩阵（博客文章“澄清创新：创新的四个领域”，发表于 2012 年 6 月 3 日，网址为 experiencinginformation.wordpress.com）以及崔诺（Des Traynor）的博客文章“如何预测技术失败”，发表于 2014 年 10 月 13 日，网址为 Intercom.io。

从既定的道路上另辟蹊径

如果没有意识到这一点，我们和组织中的决策者可能会导致盲追。追的猎物可能是新技术，也可能是竞争对手。我们很可能被兴奋感冲昏头脑，成为第一个在市场上应用某项新技术的公司，第一个创造或发现新东西，或者第一个使用新技术。这些念头可能占据了我们所有的注意力。另一方面，复制市场上其他组织的成功案例感觉貌似没有风险。我们可能太专注于技术和竞争，以至于忘记用特定受众的目的来衡量某个想法的价值。于是，组织在整体上倾向于注重在竞争中领先于其他组织，而不是真正努力地支持受众。

当然，也有一些组织或组织的分支机构，他们唯一的目标是不断突破技术上可能的限制。他们通常是研究团队。在这样的例子中，研究团队的技术研究要支持的是其他专业团队，反过来，这些专业团队利用这些前沿技术来支持业务受众受益。作为一个特例，研究团队可以不关注最终客户，但在许多情况下，如药物研究，对人体的详细了解有助于研究人员选择更有效的科研途径。

害怕落后于人，这代表着一种现实的风险。如果我们的组织没有提供与其他公司一样广泛的服务类别，怎么办？客户不会放弃我们公司的服务，蜂拥而去其他公司吗？这是一种零和思维，即这边失去的，会等量增长到另一边，而组织中的产品特性或服务成为这场零和计算中的数字。这是一个牵强的论点。支持受众并不是一场零和游戏。况且，产品创新也不具有零和特征，因为新的想法不断被添加到等式中，实质上是在不断增加总和，让这个等式更加不平衡。

有一条折中的道路，这条路结合了所有的策略：积极创新，因为这是可能的，跟上竞争，管理风险。关键是进一步了解真实的受众和不同的目的，这样才能让我们真正关注什么是可能的以及竞争对手在做什么。

把它想象成在山谷中开辟一条新的道路。所有的竞争对手都在同一个山谷中艰苦跋涉，为抢占第一挤破了头。在这种你追我赶的轮转中，大部队的轨迹是由每次的领先者定义的，随大流其实意味着自己没有一个独特的战略方向。因为已经努力理解来自支持受众的更多意图，我们实际上相当于已经有效勘察了周遭的地形。于是我们可以从大部队的道路上自信地分叉出来，在特定的山谷之外形成新的轨迹曲线（图 8.1）。同理心的思维模式可以帮助我们的组织开拓出更多的未知领域，自信地远离竞争对手，择道而行。

图 8.1

这张照片描绘的是冬天美国加利福尼亚州图奥勒米附近的山区。了解地形的人，可以自信地选择偏离步道的野路徒步。同样的道理也适用于我们所支持的目标受众——我们可以自信地偏离竞争对手正在追求的路径

扩宽视野

通常有一种错觉，我们可以用一个独特的想法来牢牢守住一片疆域。这种想法尤其悄然流行于当下数字行业中。因此，服务和应用被创造出来，但大多数都只能解决一般性的问题。人们不打算解决那些问题中不同的微妙之处或各异的观点，而这些可能正代表着不同受众的需求。虽然过去一推出一个简单的数字服务或产品，人们就会蜂拥而至，但现在已经过了那个前沿时代。就像社区里有很多邻居一样，同质化的产品太多了。

当前典型的数字服务和应用一般并不复杂或相互关联。当发展趋势已经从前沿性开拓阶段转入固定格局时，随之而来的变化是市场参与者的专业性分化。从前的杂货店，如今取而代之的是一家五金店、一家纺织品店和一家药店，等等。一个面包师来到小镇，多年以后，这里有来自五种不同文化的面包师，各自提供其传统风味的面包和糕点——每一种风味都吸引着不同的人前来怀旧或尝新。面包师从不同的专业供应商那里采购原料，并依靠不同的工匠来更新和维护不同类型的烤箱。于是乎，不仅产品有多样性，而且每位有专业技能的人都在不断地努力与同行业、服务提供者和客户建立最好的联系。这就促进了一个更广阔的社区发展态势。

同理心的心态可以帮助我们学习如何打造专业化和如何形成一个上下游共业的生态网络。着眼于长期发展，我们可以在一个复杂的服务生态系统中占有一席之地。

技巧练习

即使在这个世上我们没有机会改变组织的运作方式，仍然可以通过尝试这些概念来使自己受益。如果能弄清楚组织发展的整体动因，那么即使这些知识没有直接帮助，也会潜移默化地影响我们的工作方式。如果能和一起共事的人讨论这些驱动因素，虽然这一小群人只是组织中的一小部分，却也有可能做出有效支持受众的明智决定。

实践：澄清目的

组织的目的可能清晰，也可能不清晰。无论哪种情况，都可以从下面这个练习获得启发。

1. 回顾组织的历史。记下这些年来组织所走过的路。如果这是一个存在已久的组织，试着总结一下这个组织在不同时期的目的。
2. 看看这个组织过去几年的营销口号和所赞助的各种市场宣传活动。如果可以，问问负责市场宣传活动的人，问问他们的决策过程以及广告代表的理念。总结这些信息中包含的意义。
3. 根据对组织当前目标的理解，尽个人所能写出最清晰的总结。
4. 在以上所有步骤中，都需要留心得出的目的是同时关注成功和维持，还是只倚重于其中一个方面。还要审视决策是不是由技术或方法驱动的。最后，要注意受众在目的中的定义，是从受众的需求定义，还是从行为定义，或者根本没有定义。这些都会随着时间的推移而变化，但看清楚历史还是很有益的。

小　　结

关注组织存在的目的，这个行为虽然并不常见，但当我们努力理解组织衡量成功的指标并定义它对人们的支持时，这个行为将帮助我们做出自己的决定。了解组织运作环境将使我们能够自信地开拓新的领域。

站在组织角度来看

- 从创立开始，组织的目的是如何改变的？
- 营销口号是在描述产品，还是强调受众的意图？

从小处开始改变

- 将维持方面的目标纳入年度目标内。
- 寻求问题的根本原因，而不是只对结构或方法进行修修补补。
- 在所建立的同情心基础上，转向一个稍微不同的方向。
- 不要让技术来定义项目。
- 为持续培养同理心建立一种慢频。

从既定的道路上另辟蹊径

- 组织的目标是什么？为了自身利益而创新？跟上竞争对手？还是其他？
- 基于从受众那里收集的知识，从大部队的道路上自信地分叉出来。

扩宽视野

- 同理心的思维模式有助于打造专业化。
- 建立与社区内其他参与者的互联互助。
- 打造可持续性和长期发展。

调整归零，

适时将同理心实践运用到个人的日常工作中

第 9 章

下一步行动

作为一名优秀的专业人士，我们应该懂得平衡自己的推理和指导原则与客户、团队或者公司的。但是，不可能每时每刻都能取得完美的平衡。不断练习同理心的思维模式，随着时间的推移，我们能做得更好。刻意练习，比任何事情都能逐步增强我们的自信和经验。

如果说练习是关键，那么，向共事的人展现出同理心的思维模式就是我们要寻找的宝库。做到不需要说教或游说，才是传播想法最有效的方式。以下这些方法可以帮助我们把同理心的思维模式带入公司内部。

向他人解释

向他人解释同理心的思维模式，但不通过游说的方式。在解释的过程中甚至都不需要用“同理心”这个词，以免听众可能因为它而产生抗拒的心理。

同理心的思维模式给予我们一个强大的视野。就像一副可以戴上或摘下的眼镜一样，我们浸入这种思维模式是为了关注事物，尤其是人。当我们洞悉他们内心的想法后，那些驱动不同人群的推理、反应和指导原则就自动添加到我们的认知储备中。这个储备不是为我们所遇到的问题提供答案，而是我们思考的催化剂，就像我们自己置身于放松的思维框架内产生创造力或洞见的碰撞一样。

这些同理心的储备不一定会影响我们的决定或者打算设计的东西，从储备中获得的灵感可以作为我们的决策方向、设计流程和理念基础的指引。同理心思维模式是职业化思考所依赖的根基。

向其他人解释同理心的时候，我们或许可以提到一点，同理心的思维模式也称为“认知同理心”（congnitive empathy），它和共情（emotional empathy，情感同理心，感同身受）是不一样的。共情是某人的情绪感染了我们，导致我们产生类似的感觉或记忆。共情的最佳实践是注意产生的时机并利用这个意识调动自己的好奇心来了解他人的行为动机。如果我们被自己的情感和回忆分了心，是很难维持好奇心的。

另外，我们还需要让他人了解到，建立和应用同理心要完全专注于人，而不是考虑如何提供解决方案。验证一个方案对某人是否有效是不一样的，属于评估范畴的操作。建立同理心的目的只是为了产生灵感。

小步前进

能为自己做的最有用的事情就是建立自信。自信并不来自于艰难实现之前设下的高期望值。我们的目标并不是陷入这样的循环：给自己定下任务去倾听一些人说话，然后在任务结束后又感到松了口气。相反，我们的目标是让倾听成为自然而然的事情，不需要耗尽自己的精力。每次维持在二至十个人以内，几个月作为一个循环，不断重复。每次限定小组人数能确保自己不至于害怕和抵制开始下一个循环。

持续不断的循环能让我们建立知识储备。分开一个个循环，使我们可以为将来可能面临的挑战和要花的精力做充分的准备和调整。如果“将来”实际上只是在几周之后，那么，倾听实践练习也是有帮助的。

如果只能做一件事

那就是混搭。

适度地做每一件事情，同样适用于建立同理心思维模式。我们不可能把书中介绍的所有东西一股脑儿全都应用起来。相反，我们应当在日常工作实践中引入某些相应的部分。调整自己喜欢的想法，把它结合到当前所遵循的方法和理念中。当然，“适度地做每一件事情”只是一种指导原则，也可以不跟从这种方式。所有的建议和方法都用，也可以。

书中的内容也不是金科玉律。没有什么证明其他方式无效的说法，不同的方法总有它的有效应用场景。混合使用是不错的做法。

秘密议程

整本书，其实都围绕着一个谦卑的主题。自我克制是打开自我并接纳他人想法的关键。但我们也不必埋藏自我。只有在应用同理心思维模式时才需要这么做。这并不是精神实践，而是一种切实可行的方式，用以拓宽我们对目标受众的理解。合作伙伴能帮我们探索不同的道路。由这些探索而产生的决定，是受我们自己的经历、自我和周围的环境所影响的。

全球人口不断增加，沟通的科技手段不断地缩短人与人之间的距离。我们发现自己需要与更多不同类型的人进行合作。为了使合作更顺畅并带给别的人提供实际支持，可以借助于同理心实现合作共赢。

优秀设计师典藏 · UCD 经典译丛

正在爆发的互联网革命，使得网络和计算机已经渗透到我们日常的生活和学习，或者说已经隐形到我们的周边，成为我们的默认工作和学习环境，使得全世界前所未有地整合，但同时又前所未有地个性化。以前普适性的设计方针和指南，现在很难讨好用户。

有人说，眼球经济之后，我们进入体验经济时代。作为企业，必须面对庞大而细分的用户需求，敏捷地进行用户研究，倡导并践行个性化的用户体验。我们高度赞同 Mike 在《用户体验研究》中的这段话：

“随着信息革命渗透到全世界的社会，工业革命的习惯已经融化而消失了。世界不再需要批量生产、批量营销、批量分销的产品和想法，没有道理再考虑批量市场，不再需要根据对一些人的了解为所有人创建解决方案。随着经济环境变得更艰难，竞争更激烈，每个地方的公司都会意识到好的商业并非止于而是始于产品或者服务的最终用户。”

这是一个个性化的时代，也是一个体验经济的时代，当技术创新的脚步放慢，是时候增强用户体验，优化用户体验，使其成为提升生活质量、工作效率和学习效率的得力助手。为此，我们特别甄选了用户体验/用户研究方面的优秀图书，希望能从理论和实践方面辅助我们的设计师更上一层楼，因为，从优秀到卓越，有时只有一步之遥。这套丛书采用开放形式，主要基于常规读本和轻阅读读本，前者重在提纲挈领，帮助设计师随时回归设计之道，后者注重实践，帮助设计师通过丰富的实例进行思考和总结，不断提升和形成自己的品味，形成自己的风格。

我们希望能和所有有志于创新产品或服务的所有人分享以用户为中心(UCD)的理念，如果您有任何想法和意见，欢迎发送电子邮件到 coo@netease.com。

洞察用户体验（第 2 版）

作者：Mike Kuniavsky　译者：刘吉昆等

这是一本专注于用户研究和用户体验的经典，同时也是一本容易上手的实战手册，它从实践者的角度着重讨论和阐述用户研究的重要性、主要的用户研究方法和工具，同时借助于鲜活的实例介绍相关应用，深度剖析了何为优秀的用户体验设计，用户体验包括哪些研究方法和工具，如何得出和分析用户体验调查结果等。

本书适合任何一个希望有所建树的设计师、产品/服务策划和高等院校设计类学生阅读和参考，更是产品经理的必备参考。

	**重塑用户体验：卓越设计实践指南** **作者：**Chauncey Wilson　**译者：**刘吉昆　刘青 本书凝聚用户体验和用户研究领域资深专家的精华理论，在Autodesk 用户研究高级经理 Chauncey Wilson(同时兼任 Bentley 学院 HFID 研究生课程教师)的精心安排和梳理之下，以典型项目框架的方式得以全新演绎，透过“编者新语”和“编者提示”等点睛之笔，这些经典理论、方法和工具得以精炼和升华。 本书是优秀设计师回归设计之道的理想参考，诠释了优秀的用户界面设计不只是美学问题，或者使用最新技术的问题，而是以用户为中心的体验问题。
	**Web 表单设计：点石成金的艺术** **作者：**Luke Wroblewski　**译者：**卢颐　高韵蓓 精心设计的表单，能让用户感到心情舒畅，无障碍地地注册、付款和进行内容创建和管理，这是促成网上商业成功的秘密武器。本书通过独到、深邃的见解，丰富、真实的实例，道出了表单设计的真谛。新手设计师通过阅读本书，可广泛接触到优秀表单设计的所有构成要素。经验丰富的资深设计师，可深入了解以前没有留意的问题及解决方案，认识到各种表单在各种情况下的优势和不足。
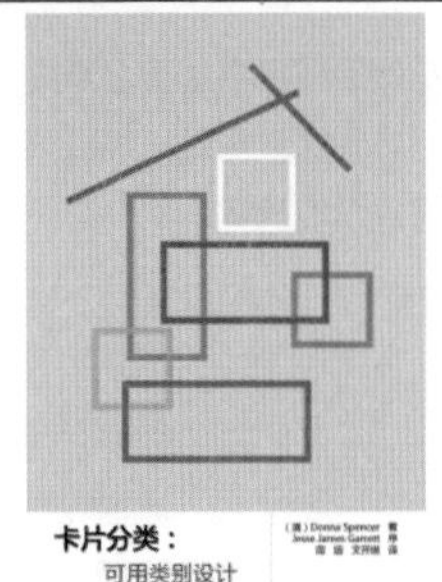	**卡片分类：可用类别设计** **作者：**Donna Spencer　**译者：**周靖 卡片分类作为用户体验/交互设计领域的有效方法，有助于设计人员理解用户是如何看待信息内容和类别的。具备这些知识之后，设计人员能够创建出更清楚的类别，采用更清楚的结构组织信息，以进一步帮助用户更好地定位信息，理解信息。在本书中，作者描述了如何规划和进行卡片分类，如何分析结果，并将所得到的结果传递给项目团队。 本书是卡片分类方法的综合性参考资源，可指导读者如何分析分类结果(真正的精髓)。本书包含丰富的实践提示和案例分析，引人入胜。书中介绍的分类方法对我们的学习、生活和工作也有很大帮助。
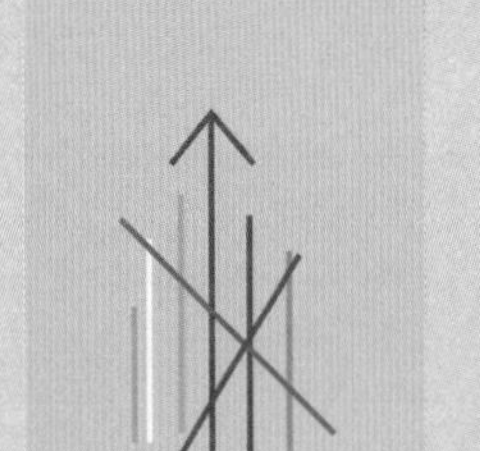	**贴心的设计：心智模型与产品设计策略** **作者：**Indi Young　**译者：**段恺 怎样打动用户，怎样设计出迎合和帮助用户改善生活质量和提高工作效率，这一切离不开心智模型。本书结合理论和实例，介绍了在用户体验设计中如何结合心智模型为用户创造最好的体验，是设计师提升专业技能的重要著作。 专业评价：在 UX(UE)圈所列的“用户体验领域十大经典”中，本书排名第 9。 读者评价：“UX 专家必读好书。”“伟大的用户体验研究方法，伟大的书。”“是不可缺少的，非常好的资源。”“对于任何信息架构设计者来说，本书非常好，实践性很强。”

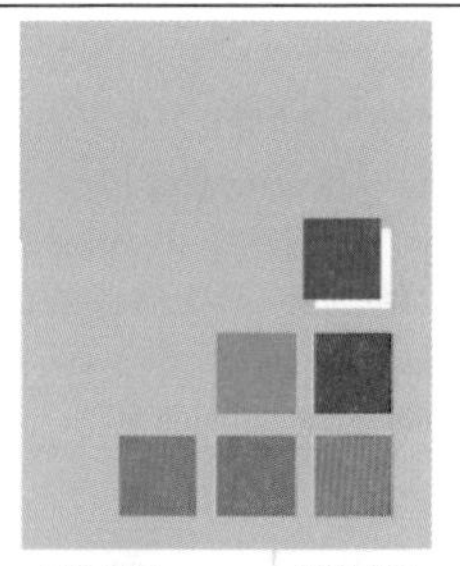

设计反思：可持续设计策略与实践

作者：Nathan Shedroff　　译者：刘新　覃京燕

本书从系统观的角度深入探讨可持续问题、框架和策略。全书共5部分19章，分别从降低、重复使用、循环利用、恢复和过程五大方面介绍可持续设计策略与实践。书中不乏令人醍醐灌顶的真知灼见和值得借鉴的真实案例，有助于读者快速了解可持续设计领域的最新方法和实践，从而赢得创新产品和服务设计的先机。

本书适合所有有志于改变世界的人阅读，设计师、工程师、决策者、管理者、学生和任何人，都可以从本书中获得灵感，创造出可持续性更强的产品和服务。

原型设计：实践者指南

作者：Todd Zaki Warfel

译者：汤海　李鸿

推荐序作者：《游戏风暴：硅谷创新引导手册》作者之一 Dave Gray

原型设计不仅可以增强设计想法的沟通，还有助于设计师产生灵感、测试假设条件和收集用户的真实反馈意见。本书凝聚作者多年来所积累的丰富的互联网实战经验，从原型的价值、流程谈起，提到原型设计的五大类型和八大原则，接着详细介绍如何选择合适的原型工具和深度探讨各种工具的利弊，最后以原型测试收尾。此外，书中还穿插大量行之有效的技巧与提示。

通过本书的阅读，读者可轻松而高效地进行 RIA、手持设备和移动设备的原型设计。本书适合原型爱好者和实践者阅读和参考。

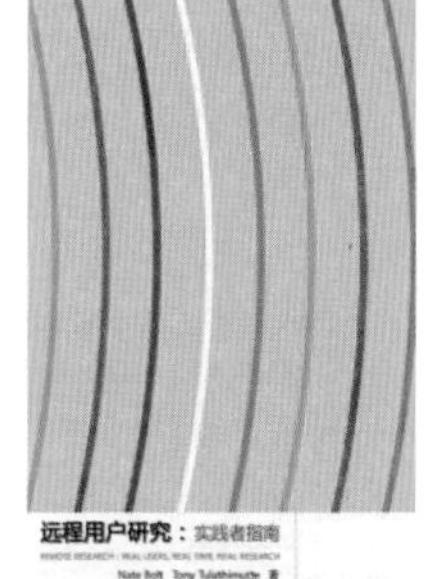

远程用户研究：实践者指南

作者：Nate Bolt，Tony Tulathimutte　译者：刘吉昆　白俊红

本书通过实例介绍了如何借助于手机和笔记本电脑来设计和执行远程用户研究。书中主题包括如何招募、管理和执行远程用户研究；分析远程用户研究之于实验室研究的优势；理解各种远程用户研究的优势与不足；理解网络用户研究的重要原则；学会如何通过实用技术和工具来设计远程用户研究。

本书实用性强，尤其适合交互设计师和用户研究人员参考与使用，也适合所有产品和服务策划人员阅读。

好玩的设计：游戏思维与用户体验设计中的应用

作者：John Ferrara

译者：汤海

推荐序作者：《游戏风暴：硅谷创新思维引导手册》作者之一 Sunny Brown

本书作者结合自己游戏爱好者的背景，将游戏设计融入用户体验设计中，提出了在 UI 设计中引入游戏思维的新概念，并通过实例介绍了具体应用，本书实用性强，具有较高的参考价值，在描述游戏体验的同时，展示了如何调整这些游戏体验来影响用户的行为，如何将抽象的概念形象化，如何探索成功交互的新形式。通过本书的阅读，读者可找到新的策略来解决实际的设计问题，可以了解软件行业中如何设计出有创造性的 UI，可在游戏为王的现实世界中拥有更多竞争优势。

SSA：用户搜索心理与行为分析

作者：Louis Rosenfeld　**译者：**汤海　蔡复青

本书言简意赅，实用性强，全面概述搜索分析技术，详细介绍如何生成和理解搜索发分析报告，并针对网站现状给出实际可行的建议，从而帮助组织根据搜索数据分析来改进网站。通过这些实际案例和奇闻轶事，作者将通过丰富而鲜活的例子来说明搜索分析如何帮助不同组织机构理解客户，改进服务质量。

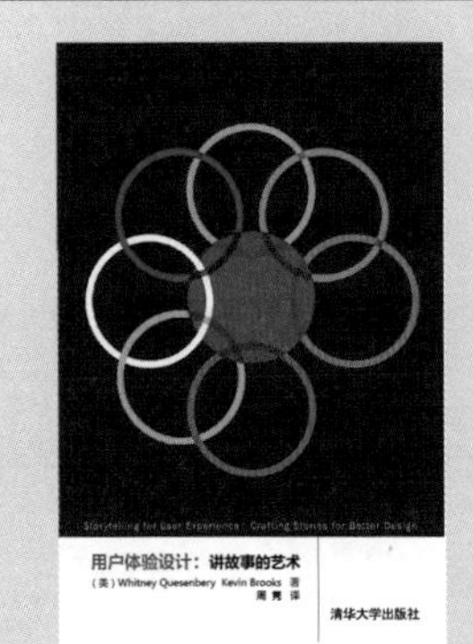

用户体验设计：讲故事的艺术

作者：Whitney Quesenbery，Kevin Brooks　**译者：**周隽

好的故事，有助于揭示用户背景，交流用户研究结果，有助于对数据分析，有助于交流设计想法，有助于促进团队协作和创新，有助于促进共享知识的成长。我们如何提升讲故事的技巧，如何将讲故事这种古老的方式应用于当下的产品和服务设计中。本书针对用户体验设计整个阶段，介绍了何时、如何使用故事来改进产品和服务。不管是用户研究人员，设计师，还是分析师和管理人员，都可以从本书中找到新鲜的想法和技术，然后将其付诸于实践。

通过独特的视角来诠释“讲故事”这一古老的叙事方式对提升产品和服务体验的重要作用。

移动互联：用户体验设计指南

作者：Rachel Hinman　**译者：**熊子川　李满海

种种数据和报告表明，移动互联未来的战场就在于用户体验。移动用户体验是一个新的、激动人心的领域，是一个没有键盘和鼠标但充满硝烟的战场，但又处处是商机，只要你的应用够新，你的界面够酷，你设计的用户体验贴近人心，就能得到用户的青睐。正所谓得用户者，得天下。本书的目的是帮助读者探索这一新兴的瞬息万变的移动互联时代，让你领先掌握一些独家秘籍，占尽先机。本书主题：移动用户体验必修课，帮助读者开始充满信息地设计移动体验；对高级的移动设计主题进行深入的描述，帮助用户体验专业人员成为未来十多年的行业先驱；移动行业领军人物专访；介绍UX人员必备的工具和框架。

作者 Rachel Hibman 是一位对移动用户研究和体验设计具有远见的思想领袖。她结合自己数十年的从业经验，结合自己的研究成果，对移动用户体验设计进行了全面的综述，介绍了新的设计范式，有用的工具和方法，并提出实践性强的建议和提示。书中对业内顶尖的设计人员的专访，也是一个很大的亮点。

服务设计与创新实践

作者： Andy Polaine，Ben Reason，Lavrans Lovlie

译者： 王国胜　张盈盈　赵芳　付美平　译

推荐序作者： John Thackara

产品经济的时代渐行渐远，在以服务为主导的新经济时代，在强调体验和价值的互联网时代，如何才能做到提前想用户之所想？如何比用户想得更周到？如何设计可用、好用和体贴的服务？这些都可以从本书中找到答案。本书撷取以保险业为代表的金融服务、医疗服务、租车及其他种种服务案例，从概念到实践，有理有据地阐述了如何对服务进行重新设计？如何将用户体验和价值提前与产品设计融合在一起？

本书重点聚焦用户价值与体验，用互联网思维进行服务创新，实践案例涉及传统制造业、金融行业和公共服务等适合产品设计师、交互设计师、用户体验设计师、设计管理者、项目管理、企业战略咨询专家和消费行为研究者阅读和参考。

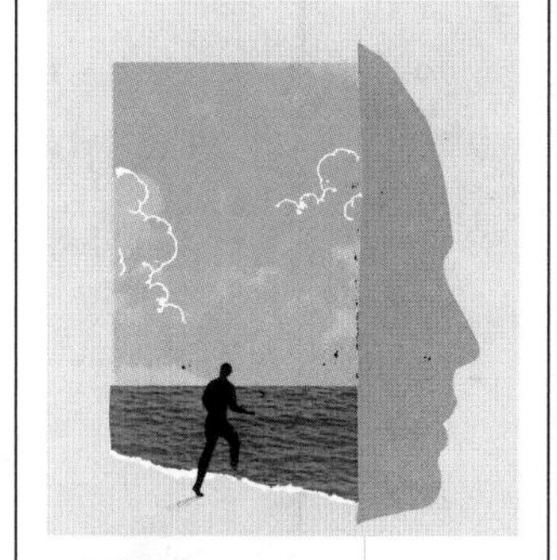

同理心：沟通、协作与创造力的奥秘

作者： Indi Young

译者： 陈鹄、潘玉琪、杨志昂

推荐序作者： 《游戏风暴：硅谷创新思维引导手册》作者之一 Dave Gray

本书主要侧重于认知同理心，将帮助读者掌握如何收集、比较和协同不同的思维模式并在此基础上成功做出更好的决策，改进现有的策略，实现高效沟通与协作，进而实现卓越的创新和持续的发展。本书内容精彩，见解深刻，展示了如何培养和应用同理心。本书适合所有人阅读，尤其适合企业家、领导者、设计师和产品经理。

Effective UI：软件用户体验艺术

作者： Jonathan Anderson　**译者：** 陆昌辉

在体验经济时代，越来越多的公司都意识到这一点：用户期望能与桌面和网络应用轻松、流畅的交互，从而获得愉悦的使用体验。。但这样的软件应用，开发难度却往往超乎他们的想象。在《EffectiveUI：软件用户体验艺术》中，业内翘楚 EffectiveUI 将与你分享他们的成功经验，帮助你掌握一些行之有效的用户体验策略。通过这些策略，帮助你满足客户和消费者的需求，实现商业价值，增强品牌优势。